高等职业教育移动互联应用技术专业教材

# HTML5+CSS3 前端开发<br>项目式教程（微课版）

主　编　谭　卫　徐文义

副主编　安华萍　王　玉　钟机灵　段春梅

中国水利水电出版社
www.waterpub.com.cn
·北京·

## 内 容 提 要

当前，HTML5 和 CSS3 两种技术的融合正引领着 Web 前端开发的革命，本书重点讲解 HTML5 和 CSS3 的基础知识与应用，以企业网站真实项目为载体，将项目按软件工程的思想分为基础项目与综合项目，并将每个项目划分为多个任务，每个任务都按照“任务目标→任务效果→相关知识→实现步骤”的形式进行编排，每个项目还配套有“思考与练习”。同时，为了积极响应《国家职业教育改革实施方案》，本书参考了《Web 前端开发职业技能等级标准》，将 Web 前端开发初级的 1+X 证书考点内容融入到项目任务中。

本书的基础项目包括 7 个子项目 15 个任务：文本类网页、列表类网页、超链接网页、表格类网页、表单类网页、综合布局网页、动画效果网页，主要介绍了 HTML5 的各类标签、CSS3 选择器、CSS3 属性；综合项目包括 4 个任务，主要带领读者按照网站设计与制作的流程来开发一个包含网站首页、二级页面、三级页面的完整结构的网站，主要介绍了网站前端开发的流程及技巧。读者在学习完本书后，可快速掌握前端工程师工作岗位所需的基本技能。

本书可作为高职高专院校计算机类及相关专业网页设计与制作课程的教材，也可作为 Web 前端开发初级 1+X 证书试点的培训用书，还可作为网页制作爱好者的自学用书。

**本书配有完备的项目源代码、题库、课件及立体化微课资源，读者可以从中国水利水电出版社网站（www.waterpub.com.cn）或万水书苑网站（www.wsbookshow.com）免费下载。**

图书在版编目（CIP）数据

HTML5+CSS3前端开发项目式教程 ： 微课版 / 谭卫，徐文义主编. -- 北京 ： 中国水利水电出版社，2020.8（2023.7 重印）
高等职业教育移动互联应用技术专业教材
ISBN 978-7-5170-8746-5

Ⅰ. ①H… Ⅱ. ①谭… ②徐… Ⅲ. ①超文本标记语言－程序设计－高等职业教育－教材②网页制作工具－高等职业教育－教材 Ⅳ. ①TP312.8②TP393.092.2

中国版本图书馆CIP数据核字(2020)第146424号

策划编辑：石永峰　　责任编辑：石永峰　　加工编辑：孙学南　　封面设计：李　佳

| 书　　名 | 高等职业教育移动互联应用技术专业教材<br>HTML5+CSS3 前端开发项目式教程（微课版）<br>HTML5+CSS3 QIANDUAN KAIFA XIANGMU SHI JIAOCHENG（WEIKE BAN） |
|---|---|
| 作　　者 | 主　编　谭　卫　徐文义<br>副主编　安华萍　王　玉　钟机灵　段春梅 |
| 出版发行 | 中国水利水电出版社<br>（北京市海淀区玉渊潭南路 1 号 D 座　100038）<br>网址：www.waterpub.com.cn<br>E-mail：mchannel@263.net（答疑）<br>sales@mwr.gov.cn<br>电话：（010）68545888（营销中心）、82562819（组稿） |
| 经　　售 | 北京科水图书销售有限公司<br>电话：（010）68545874、63202643<br>全国各地新华书店和相关出版物销售网点 |
| 排　　版 | 北京万水电子信息有限公司 |
| 印　　刷 | 三河市德贤弘印务有限公司 |
| 规　　格 | 184mm×260mm　16 开本　16.5 印张　378 千字 |
| 版　　次 | 2020 年 8 月第 1 版　2023 年 7 月第 3 次印刷 |
| 印　　数 | 4001—6000 册 |
| 定　　价 | 45.00 元 |

凡购买我社图书，如有缺页、倒页、脱页的，本社营销中心负责调换

**版权所有·侵权必究**

# 前　言

随着互联网技术的高速发展，移动智能设备的使用变得普遍，人们可以随时随地获取信息和服务，而网页作为互联网的信息载体之一，可以为用户带来直观的、全面的体验。HTML5 和 CSS3 是 Web 前端开发的最新技术，大部分浏览器已支持 HTML5 和 CSS3 技术。HTML5 是最新的 HTML 标准，是专门为承载丰富的 Web 内容而设计的，并且无需额外插件，它拥有新的语义、图形和多媒体等元素。CSS3 在原有基础上增加了更多的 CSS 选择器和更多实用的高级属性，可以实现更简单但更为强大的页面效果和网页交互功能。在目前网页制作行业中，HTML5 与 CSS3 技术以它们独有的优点在业内得到了广泛应用。

HTML5 和 CSS3 技术作为前端开发的入门技术，是 Web 前端开发技术人员必须扎实掌握的职业技能，也是高职高专院校相关专业学生应该熟练掌握的技术。本书是针对高职高专院校互联网应用技术专业学生的培养目标进行编写的，注重学生职业能力与职业技能的培养，通过本书的学习，学生可以熟练掌握 HTML5+CSS3 前端开发基础知识与应用。本书还参考了《Web 前端开发职业技能等级标准》，重构并序化了教学内容，以项目为载体，结合教材内容合理地安排教学任务。本书分为基础项目与综合项目，其中，基础项目主要包括文本类网页、列表类网页、超链接网页、表格类网页、表单类网页、综合布局网页、动画效果网页；综合项目包括网站设计与制作的准备、网站首页、二级页面、三级页面的制作。

全书内容以项目化教学的方式进行编排，全面系统地阐述了 HTML5 和 CSS3 的基础知识和实际运用技术。本书以任务驱动的方式安排教学内容，将每个项目按工作流程分为若干任务，每个任务又设计了以下几个模块：

- 任务目标：明确任务的知识目标和能力目标。
- 任务效果：说明任务运用的基础知识及任务完成的最终效果。
- 相关知识：提供完成任务需要掌握的基础知识和实际运用技术。
- 实现步骤：详细讲解任务的实施步骤。
- 思考与练习：根据 Web 前端开发初级的 1+X 证书考点整理出任务相关的理论题和操作题。

本书以网站设计与开发的工作任务为主线，内容讲解详细、结构编排科学、语言通俗易懂，以接近真实的网站项目为依托，知识涵盖面广。

本书由河源职业技术学院的谭卫老师组织编写，谭卫、徐文义任主编，安华萍、王玉、钟机灵、段春梅（佛山职业技术学院）任副主编。在本书编写过程中，编者参考了相关技术的资料文献、书籍及网络资源，在此表示感谢。

由于编者水平有限，书中难免存在疏漏甚至错误之处，恳请读者批评指正，以便进一步完善与改进，编者 E-mail：99150752@qq.com。

编　者

2020 年 6 月

# 目　录

前言
项目 1　建立文本类网页 …… 1
任务 1　网页内容构建 …… 1
任务目标 …… 1
任务效果 …… 1
相关知识 …… 2
实现步骤 …… 18
任务 2　页面样式修饰 …… 21
任务目标 …… 21
任务效果 …… 22
相关知识 …… 22
实现步骤 …… 37
思考与练习 …… 39
项目 2　建立列表多媒体类网页 …… 43
任务 1　页面内容构建 …… 43
任务目标 …… 43
任务效果 …… 43
相关知识 …… 45
实现步骤 …… 55
任务 2　页面样式修饰 …… 58
任务目标 …… 58
任务效果 …… 58
相关知识 …… 59
实现步骤 …… 70
思考与练习 …… 73
项目 3　建立超链接 …… 76
任务 1　页面内容构建 …… 76
任务目标 …… 76
任务效果 …… 76
相关知识 …… 77
实现步骤 …… 81
任务 2　页面样式修饰 …… 84
任务目标 …… 84
任务效果 …… 85
相关知识 …… 85
实现步骤 …… 99
思考与练习 …… 101
项目 4　建立表格页 …… 103
任务 1　案例展示页制作 …… 103
任务目标 …… 103
任务效果 …… 103
相关知识 …… 104
实现步骤 …… 112
任务 2　案例详情页制作 …… 116
任务目标 …… 116
任务效果 …… 117
相关知识 …… 117
实现步骤 …… 126
思考与练习 …… 128
项目 5　建立表单类网页 …… 131
任务 1　表单页建立 …… 131
任务目标 …… 131
任务效果 …… 131
相关知识 …… 132
实现步骤 …… 139
任务 2　表单页验证 …… 141
任务目标 …… 141

任务效果……141
相关知识……142
实现步骤……149
思考与练习……150
**项目 6　建立综合类网页……154**
任务 1　网页布局……154
任务目标……154
任务效果……154
相关知识……155
实现步骤……173
任务 2　网页头部与尾部制作……174
任务目标……174
任务效果……175
相关知识……175
实现步骤……178
任务 3　网页主体部分制作……180
任务目标……180
任务效果……181
相关知识……181
实现步骤……188
思考与练习……193
**项目 7　网页动画制作……196**
任务 1　过渡效果制作……196
任务目标……196
任务效果……196
相关知识……197
实现步骤……204
任务 2　动画效果制作……204
任务目标……204
任务效果……205
相关知识……205
实现步骤……224
思考与练习……225
**项目 8　综合实战——企业网站设计与制作……229**
任务 1　网站设计与制作准备……229
任务 2　网站首页制作……234
任务 3　网站二级列表页面制作……245
任务 4　网站三级内容页面制作……253
思考与练习……256
**参考文献……257**

# 项目 1　建立文本类网页

## 项目导读

文本是组成网页的基本元素，也是网页的灵魂。文本类网页是最常见的网页之一，如新闻详情、小说阅读等页面，网页文本的加入及文本格式的设置是网页制作中必不可少的任务。本项目完成公司“诚聘英才”网页的制作，分为网页内容构建和页面样式修饰两个子任务，主要学习网站站点的规范、网页的基本结构标签、文本段落标签、CSS 样式、文本样式等知识，通过本项目的学习读者能利用编辑器完成文本类网页的内容构建及 CSS 样式的修饰。

## 任务 1　网页内容构建

### 任务目标

知识目标

- 了解网站与网页的相关概念及基本要素。
- 熟悉 HBuilder 工具的工作界面，掌握站点的作用、站点文件的结构规范及管理流程。
- 了解 HTML 文档的基本结构及标签的特点。
- 掌握文档结构标签及文本段落相关标签的语法及意义。

能力目标

- 能利用 HBuilder 编辑器完成文本类网页的内容构建。

### 任务效果

利用文档结构标签及文本段落相关标签完成“诚聘英才”页面的内容构建，效果如图 1-1 所示。

华响设计有限公司

首页 | 新闻中心 | 诚聘英才 | 案例展示 | 在线留言

诚聘英才

华响设计有限公司——外贸市场部

岗位名称：市场总监

岗位职责：

1.负责泉州地区业务的拓展，向小微企业客户进行贷款产品的营销推广，完成指定的销售目标；2.提供高质量、高效率的售前服务，负责贷款业务的开展：贷前客户资信调查、贷中信贷流程升报；3.及时了解客户和合作伙伴的意见反馈，并向部门提出产品及流程的优化建议；4.搜集市场动态，及时向直线主管反馈，并给予市场部门开发方面的积极建议。

任职资格：

1.28～40岁，国际贸易、外贸英语、英语专业或相关专业本科及以上学历；2.5年以上的外贸业务工作经验，3年以上的生物科技行业外贸业务的工作经验；3.良好的沟通能力。

copyright©2012-2018 华响设计有限公司版权®所有 粤ICP备10026687号
电话：0762-3800020 传真：0762-3800043 地址：广东河源市小城街道256号。

图 1-1 页面效果图

## 相关知识

### 一、HTML5 简介

HTML5 简介

HTML 的全称是 Hypertext Marked Language（超文本标记语言），是目前在网络上应用最广泛的语言，也是构成网页文档的主要语言，用来控制网页的结构，它是由标签组成的描述性文本。使用 HTML 语言描述的文件需要通过 Web 浏览器显示出效果，它包括一系列标签，通过这些标签可以将网络上的文档格式统一，使分散的 Internet 资源连接为一个逻辑整体。HTML 文本是由 HTML 命令组成的描述性文本，HTML 命令可以说明文字、图形、动画、声音、表格、链接等。

HTML5 是构建和呈现互联网内容的一种语言方式，它被认为是互联网的核心技术之一，是万维网的标准通用标记语言下的一个应用，是 HTML 的第 5 次重大修改。支持 HTML5 的浏览器有 Firefox（火狐浏览器）、IE9 及其更高版本、Chrome（谷歌浏览器）、Safari、Opera、傲游浏览器（Maxthon）、360 浏览器、搜狗浏览器、QQ 浏览器、猎豹浏览器等。HTML 自 1993 年发展至今，共经历了 6 代的更新与发展，现广泛应用于互联网应用的开发。2014 年 10 月 29 日，万维网联盟宣布，经过近 8 年的艰辛努力，HTML5 标准规范终于制订完成并公开发布。

1. 设计目的

HTML5 的设计目的是为了在移动设备上支持多媒体，新的语法特征被引进以支持这一点，如 video、audio 和 canvas 等标记。HTML5 还引进了新的功能，可以真正改变用户与文档的交互方式，包括：

- 新的解析规则增强了灵活性。

- 新属性。
- 淘汰过时的或冗余的属性。
- 一个 HTML5 文档到另一个文档间的拖放功能。
- 离线编辑。
- 信息传递的增强。
- 详细的解析规则。
- 多用途互联网邮件扩展（MIME）和协议处理程序注册。
- 在 SQL 数据库中存储数据的通用标准（Web SQL）。

2. HTML5 新特性

为了更好地处理当前的互联网应用，HTML5 添加了很多新元素及功能，比如图形的绘制、多媒体内容、更好的页面结构、更好的处理形式和几个 API 拖放元素，包括网页应用程序的缓存、存储等，具体表现出以下几个新特性：

- 语义特性。HTML5 赋予网页更好的意义和结构，语义化标签使得页面的内容结构化，见名知义，如<header></header>用来定义文档的头部区域。
- 本地的存储特性。基于 HTML5 开发的网页 APP 拥有更短的启动时间与更快的联网速度，这些全部得益于 HTML5 APP Cache，以及本地存储功能。
- 设备的兼容特性。HTML5 为网页应用开发者们提供了更多功能上的优化选择，带来了更多体验功能上的优势。HTML5 提供了前所未有的数据与应用的接入开放接口，使外部应用可以与浏览器内部的数据直接相连，例如视频影音可直接与麦克风及摄像头相连。
- 连接特性。更有效的连接工作效率使得基于页面的实时聊天、更快速的网页游戏体验、更优化的在线交流都得到了实现。HTML5 拥有更有效的服务器推送技术，Server-Sent Events 和 WebSockets 就是其中的两个特性，这两个特性能够帮助我们实现服务器将数据“推送”到客户端的功能。
- 网页多媒体特性。支持网页端 Audio、Video 等多媒体功能，与网站自带的 APPS、摄像头、影音功能相得益彰。HTML5 提供了播放音频文件的标准，如使用<audio>元素，并且其还规定了一种通过 video 元素来包含视频的标准方法。
- 三维、图形及特效特性。基于 SVG、Canvas、WebGL 及 CSS3 的 3D 功能，用户会惊叹于在浏览器中可以呈现的惊人视觉效果。
- 性能与集成特性。没有用户会永远愿意等待 Loading 过程，而 HTML5 会通过 XMLHttpRequest2 等技术解决以前的跨域等问题，帮助用户的 Web 应用和网站在多样化的环境中更快速地工作。
- CSS3 特性。在不牺牲性能和语义结构的前提下，CSS3 提供了更多的风格和更强的效果。此外，较之前的 Web 排版，Web 的开放字体格式（WOFF）提供了更高的灵活性和控制性。

3. 沿革

HTML5 提供了一些新的元素和属性，例如<nav>（网站导航块）和<footer>等。这种标签将有利于搜索引擎的索引整理，同时可更好地帮助小屏幕装置和视障人士使用，除此之外，还为其他浏览要素提供了新的功能，如<audio>和<video>标记等。

- 取消了一些过时的 HTML4 标记。其中包括纯粹显示效果的标记，如<font>和<center>，它们已经被 CSS 取代。HTML5 吸取了 XHTML2 的一些特性，如一些用来改善文档结构的功能，即新的 HTML 标签 header，footer，dialog，aside，figure 等的使用，将使内容创作者可以按照语义创建文档，之前的开发者在实现这些功能时一般都是使用 div。
- 将内容和展示分离。b 和 i 标签依然保留，但它们的意义已经和之前的有所不同，这些标签的意义只是为了将一段文字标识出来，而不是为文字设置粗体或斜体式样，u、font、center、strike 这些标签则被完全去掉了。
- 一些全新的表单输入对象。包括日期、URL、Email 地址，其他的对象则增加了对非拉丁字符的支持。HTML5 还引入了微数据，这一使用机器可以识别的标签标注内容的方法使语义 Web 的处理更为简单。总的来说，这些与结构有关的改进使内容创建者可以创建更干净、更容易管理的网页，这样的网页对搜索引擎、对读屏软件等都更为友好。
- 全新的、更合理的 Tag（标签）。多媒体对象将不再全部绑定在 object 或 embed Tag 中，而是视频有视频的 Tag，音频有音频的 Tag。
- 本地数据库。该功能是将内嵌一个本地的 SQL 数据库，以加速交互式搜索，完成缓存以及索引功能。同时，那些离线的 Web 程序也将因此受益匪浅，不需要插件就可以完成丰富的动画效果。
- Canvas 对象。浏览器可以直接在其上面绘制矢量图，这意味着用户可以脱离 Flash 和 Silverlight，直接在浏览器中显示图形或动画。
- 浏览器中的真正程序。将提供 API 以实现在浏览器内的编辑、拖放，以及各种图形用户界面的操作能力。内容修饰 Tag 将被剔除，而使用 CSS。
- HTML5 取代 Flash 在移动设备中的地位。
- HTML5 突出的特点就是强化了 Web 页的表现性，追加了本地数据库。

HBuilder 工具的基本使用方法

## 二、开发工具介绍

目前前端开发工具非常多，例如 WebStorm、VScode、Sublime Text、HBuilder、Dreamweaver、Notepad++、EditPlus 等，对于有经验的开发者来说，使用哪一款工具都无所谓。不过对于初学者来说，推荐大家使用 HBuilder。

HBuilder 是 DCloud（数字天堂）推出的一款支持 HTML5 的 Web 开发 IDE（集成开发环境），强大的代码助手将帮助你快速完成 Web 的开发。HBuilder 的编写用到了 Java、C、Web 和 Ruby，其中 HBuilder 本身的主体是用 Java 编写，它基于 Eclipse，所以顺其自然地兼容了 Eclipse 的插件。HBuilder 是国内的团队专为前端开发打造的工具，易上手，它的下载地址是：http://www.dcloud.io，下面介绍其使用方法。

1. 新建 Web 项目

单击“文件”→“新建”→“Web 项目”，如图 1-2 所示。

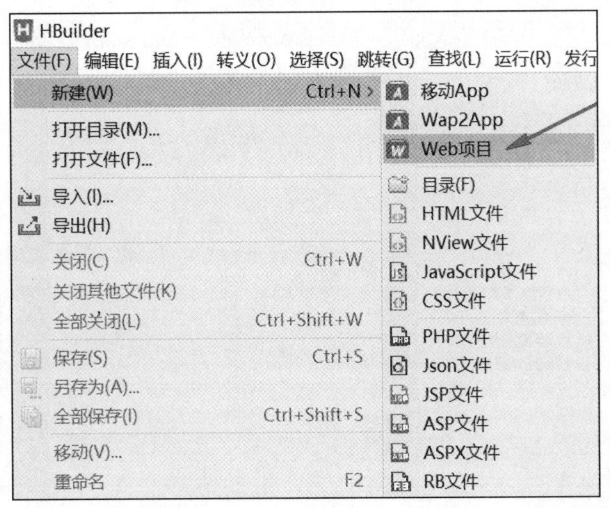


图 1-2　新建项目

在弹出的对话框中填写新建项目的名称和当前项目的保存路径，并勾选“默认项目”复选项，如图 1-3 所示。

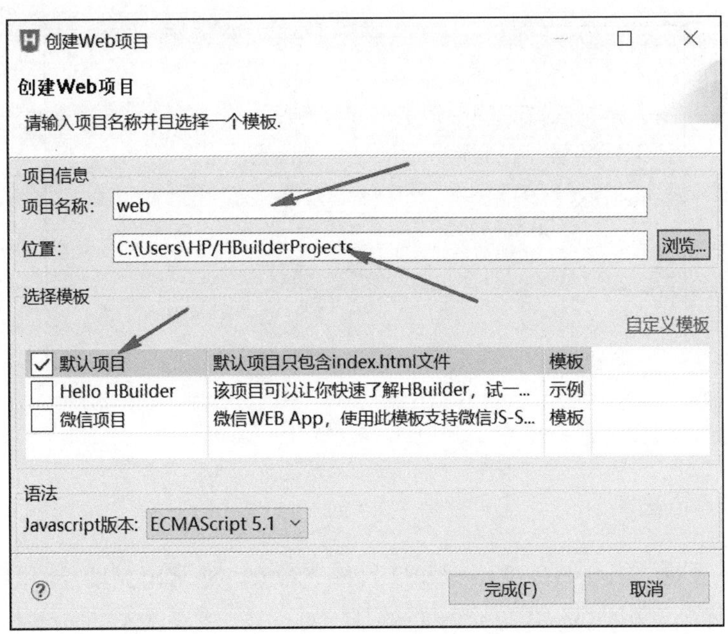


图 1-3　项目名称及路径设置

2. 创建 HTML 页面

在项目资源管理器中选择刚才新建的项目并右击，在弹出的快捷菜单中选择“新建”→“HTML 文件”，弹出“创建文件向导”对话框，在其中选择 html5 模板，如图 1-4 所示。

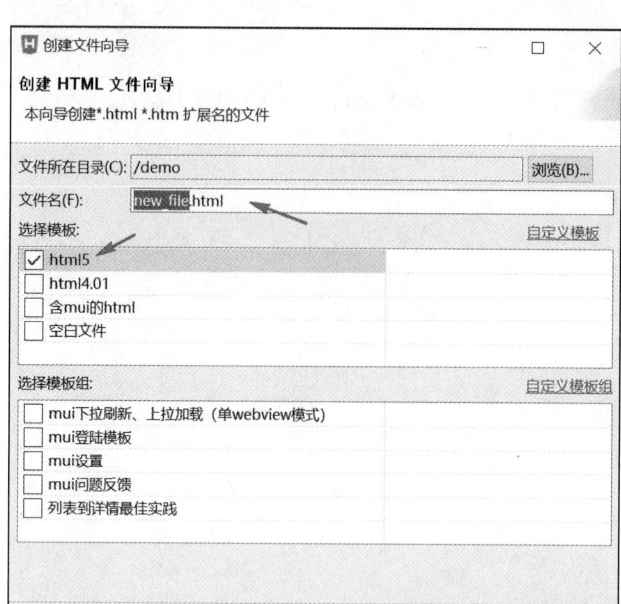


图 1-4　新建 HTML 页面

3. 浏览 HTML 页面

在 HBuilder 上方的工具栏中找到“预览”按钮，如图 1-5 所示。

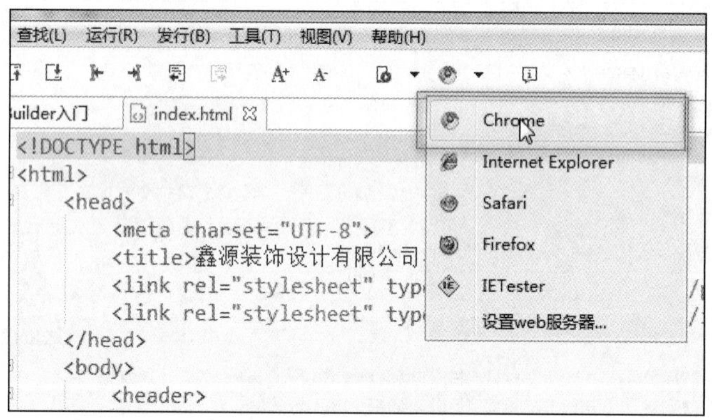


图 1-5　预览页面

## 三、HTML5 语法

HTML5 主要通过各种标签来标识和排列各个对象，通常由尖括号<和>以及其中所包容的标签元素组成，例如<head>与</head>就是一对标签，称为文件的头部标签，用来记录文档的相关信息。

HTML 定义了 3 种标签，用于描述页面的整体结构。页面结构标签不影响页面的显示效果，它们是帮助 HTML 工具对 HTML 文件进行解释和过滤的。在 HTML 中，几乎所有的标签都是成对出现的，而结束标签总是在开始前增加一个“/”。标签与标签之间还可以嵌套，也可以放置各种属性。在源文件中，标签是不区分大小写的，因此在 HTML 源程序中，<head>和<HEAD>的写法都是正确的，而且它们的含义是相同的。

标签常用的形式有以下几种：

（1）单标签。某些标签为“单标签”，因为它只需要单独使用就能表达意思，这类标签的语法是：

```
<标签名称>
```

最常用的单标签是<br>，其表示换行，<hr>则表示水平线标记。

（2）双标签。另一类标签为“双标签”，是由“开始标签”和“结束标签”两部分组成的，必须成对使用。其中开始标签告诉 Web 浏览器从此处开始执行该标签所实现的功能，而结束标签告诉 Web 浏览器在这里结束该功能。开始标签前加一斜杠（/）即称为结束标签。这类标签的语法是：

```
<标签>内容</标签>
```

其中，“内容”就是要被这对标签施加作用的部分。如果想突出显示某段文字，可将此段文字放在<em>和</em>标签中，例如：

```
<em>温馨提示</em>
```

可使“温馨提示”4 个字用斜体来显示，达到突出显示的效果。

（3）标签属性。许多单标签和双标签的开始标签内可以包含一些属性，语法为：

```
<标签名称 属性 1=属性值 1 属性 2=属性值 2 属性 3=属性值 3…>
```

各属性之间无先后顺序，属性也可以省略，即默认值。

例如<a>标签定义超链接，用于从一张页面链接到另一张页面。

```
<a href="index.html" target="_blank">新闻中心</a>
```

其中，href 属性规定链接指向页面的 URL，target 属性规定打开链接文档的位置。

### 四、HTML 基本结构

图 1-6 所示为 HTML 的基本结构。

```
<!DOCTYPE html>
<html>
    <head>
        <meta charset="UTF-8">
        <title>网页标题</title>
    </head>
    <body>
    </body>
</html>
```

图 1-6　HTML 的基本结构

从中可以看出，一个页面是由以下 4 部分组成的：

- 一个文档声明：<!DOCTYPE html>。
- 一个 html 标签对：<html></html>。
- 一个 head 标签对：<head></head>。
- 一个 body 标签对：<body></body>。

结构段落标签

1. 文档声明

<!DOCTYPE html>是一个文档声明，表示这是一个 HTML 页面。

2. <html>标签

<html>标签的作用是，告诉浏览器这个页面是从<html>开始，再到</html>结束的，在它们之间是文档的头部和主体。

3. <head>标签

<head>标签用于定义文档的头部，它是所有头部元素的容器。<head>中的元素可以引用脚本、指示浏览器在哪里找到样式表、提供元信息等。

文档的头部描述了文档的各种属性和信息，包括文档的标题、文档在页面中的位置以及和其他文档的关系等。绝大多数文档头部包含的数据都不会真正作为内容显示给读者。

4. <title>标签

<title>标签可定义文档的标题。浏览器会以特殊的方式来使用标题，并且通常把它放置在浏览器窗口的标题栏或状态栏上。同样，当把文档加入用户的链接列表、收藏夹、书签列表时，标题将成为该文档链接的默认名称。在图 1-6 中，文档的标题就定义为“网页标题”。<title>标签是<head>标签中不可缺少的。

5. <meta>标签

<meta>标签可提供有关页面的元信息（meta-information），比如针对搜索引擎和更新频度的描述和关键词。<meta>标签位于文档的头部，不包含任何内容。meta 标签的属性定义了与文档相关联的名称/值对。<meta>标签没有结束标签。

<meta charset="UTF-8">用于规定 HTML 文档的字符编码为 UTF-8，如果没有此项定义，浏览页面时将会出现乱码。

6. <body>标签

<body>标签定义文档的主体，包含文档的所有内容，如文本、超链接、图像、表格和列表等。

7. HTML 注释

在实际开发中，我们需要在一些关键的 HTML 代码旁边标明这段代码的含义，这时就要用到“HTML 注释”。在 HTML 中，对一些关键代码进行注释有很多好处，比如方便理解、方便查找、方便同一项目组人员快速理解你的代码，以便快速修改。

语法：<!--注释的内容-->

## 五、文本段落标签

1. 标题标签：<h1>～<h6>

通常，文章由标题、副标题、文字等构成，hn 为标题文字标签，n 的取值范围为 1～6，值越大字体越小，所有标题文字以粗体显示，默认靠左对齐。标题文字的对齐方式可使用 align 属性进行设置。

语法：<hn align="对齐方式">标题文字</hn>

默认情况下，标题文字是左对齐的，align 属性需要设置在标题标记的后面，align 属性值可设置为 left（左）、center（中）、right（右）。

【Example1-1.html】

```
<!DOCTYPE html>
<html>
    <head>
        <meta charset="UTF-8">
        <title>标题标签</title>
    </head>
    <body>
        <h1 align="left">这是 1 级标题</h1>
        <h2 align="center">这是 2 级标题</h2>
        <h3 align="right">这是 3 级标题</h3>
        <h4>这是 4 级标题</h4>
        <h5>这是 5 级标题</h5>
        <h6>这是 6 级标题</h6>
    </body>
</html>
```

浏览效果如图 1-7 所示。

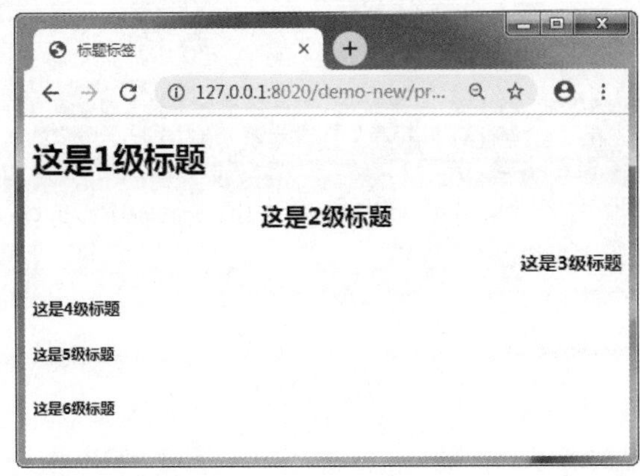


图 1-7　标题使用效果

2. 段落标签：<p>

为了排列得整齐、清晰，在文字段落之间常用<p>和</p>来作标签，段落以<p>标签开始，以</p>标签结束。</p>标签是可以省略的，下一个<p>标签的开始意味着上一个<p>标签的结束。<p>标签也有一个属性 align，用来指明字符显示时的对齐方式，属性值有 left、center、right 三种。

语法：<p align="对齐方式">段落文字</p>

默认情况下，对齐方式为左对齐，但也可以由 align 属性进行其他设置。

【Example1-2.html】

```
<!DOCTYPE html>
<html>
    <head>
```

```
        <meta charset="UTF-8">
        <title>段落标签</title>
    </head>
    <body>
        <p align="left">
            美好的故事就是温暖，就是感动、光明和力量，在其中我们可以得到美的
            熏陶、爱的润泽、智慧之光的照耀。一个温暖的故事可以帮助我们驱走哀伤、
            战胜恐惧、获得力量并走向自信和自立。
        </p>
        <p align="center">1.等什么马上就行动。</p>
        <p align="right">2.你比想象得更聪明</p>
        <p>3.做诚实的自己</p>
    </body>
</html>
```

在本例中，用 4 个<p>标签构建了 4 个段落，第一段左对齐，第二段居中对齐，第三段右对齐，最后一段没有设置 align 属性，默认左对齐。需要注意的是，第一段中的文字在编辑器中换行了，但是在浏览器中是不起作用的，浏览效果如图 1-8 所示。

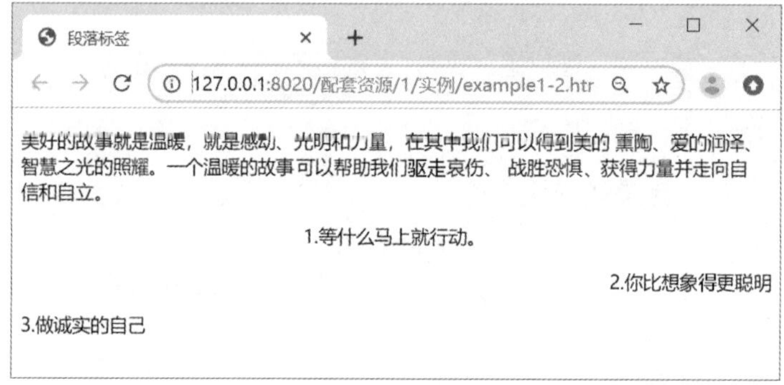


图 1-8　段落标签使用效果

3. 预格式标签：<pre>

由于在编辑器中出现的换行与空格都是不起作用的，而在一些特殊情况下有些文字要保留其在编辑器中的原始格式，这就需要使用<pre>标签，<pre>标签的一个常见应用就是用来表示计算机的源代码。

语法：<pre>文字</pre>

【Example1-3.html】

```
<!DOCTYPE html>
<html>
    <head>
        <meta charset="UTF-8">
        <title>预格式标签</title>
    </head>
    <body>
        <pre>
```

```
        pre 标签很适合显示计算机代码：
        for i = 1 to 10
                print i
        next i
        </pre>
    </body>
</html>
```

编辑器中的换行与空格在浏览器中都出现了，即保留了原有的格式，浏览效果如图 1-9 所示。

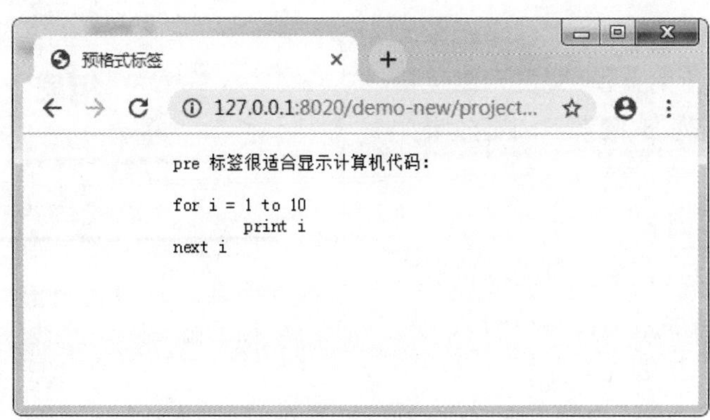


图 1-9　预格式标签使用效果

4. 水平线标签：<hr>

<hr> 标签在 HTML 页面中可以创建一条水平分隔线，它可以在视觉上将文档分隔成多个部分，一般多用来分隔标题与段落。通过设置<hr>标签的属性值可以控制水平分隔线的样式。<hr>标签为单标记标签，没有结束标签。

语法：<hr 属性="属性值"/>

可以用以下属性来设置水平分隔线的样式，如表 1-1 所示。

**表 1-1　水平分隔线标签属性**

| 属性 | 功能 | 单位 | 默认值 |
|---|---|---|---|
| size | 设置水平分隔线的粗细 | pixel（像素） | 2 |
| width | 设置水平分隔线的宽度 | pixel（像素）、% | 100% |
| align | 设置水平分隔线的对齐方式，值为 left、center、right | | center |
| color | 设置水平分隔线的颜色 | | black |

【Example1-4.html】

```
<!DOCTYPE html>
<html>
    <head>
        <meta charset="UTF-8">
        <title>水平分隔线标签</title>
    </head>
```

```
    <body>
        <h1 align="center">相思</h1>
        <hr color="blue" width="80%" size="3">
        <p align="center">红豆生南国，春来发几枝。</p>
        <p align="center">愿君多采撷，此物最相思。</p>
        <hr color="blue" width="80%" size="5">
    </body>
</html>
```

在本例中有两条水平分隔线，第一条水平分隔线的颜色值为蓝色（blue），宽度为浏览器窗口的 80%，粗细为 3 像素；第二条水平分隔线的颜色为蓝色，宽度为浏览器窗口的 80%，粗细为 5 像素，浏览效果如图 1-10 所示。

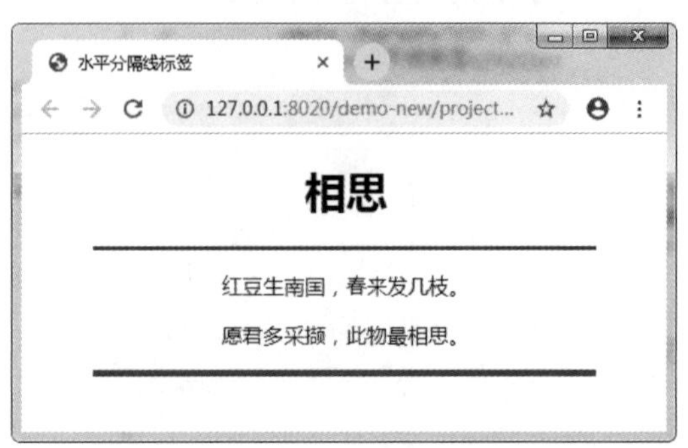


图 1-10　水平分隔线标签使用效果

5. 换行标签：<br>

在 HTML 语言规范中，每当浏览器窗口被缩小时，浏览器会自动将右边的文字转折至下一行，但是如果编程者要想自己控制换行，就应该在需要换行的地方加上<br>标签。<br>标签为单标记标签，没有结束标签，也没有任何属性可以设置。

语法：<br/>

【Example1-5.html】

```
<!DOCTYPE html>
<html>
    <head>
        <meta charset="UTF-8">
        <title>换行标签</title>
    </head>
    <body>
        <h2>HTML5 引进了以下新功能：</h2>
        <p>
            1.新的解析规则增强了灵活性；<br/>
            2.新属性；<br/>
            3.淘汰过时的或冗余的属性；<br/>
            4.一个 HTML5 文档到另一个文档间的拖放功能；
        </p>
        <p>
            HTML5 赋予网页更好的意义和结构；
            更加丰富的标签。
        </p>
    </body>
</html>
```

在本例中，第一个 p 段落中的文字用<br>标签进行了换行，在浏览器中就能实现文字的换行显示，但是在第二个 p 段落中只用了回车键进行换行，那么在浏览器中文字还是没有换行，浏览效果如图 1-11 所示。

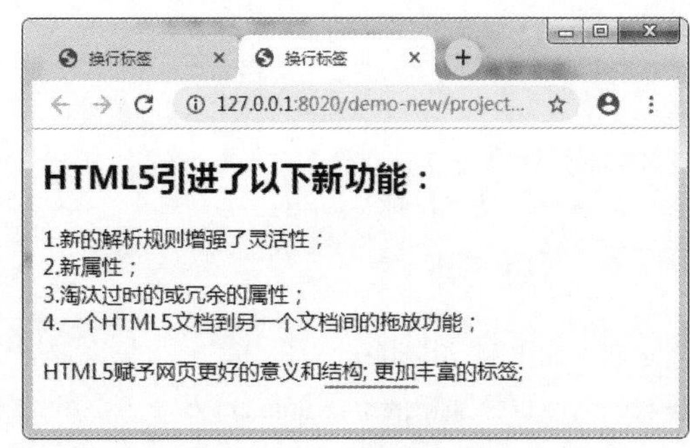


图 1-11　换行标签使用效果

6. 文本格式化标签与转义字符

在网页中，有时需要为文字设置粗体、斜体、下划线等效果，为此 HTML 准备了专门的文本格式化标签，可使文字以特殊的方式显示，常用的文本格式化标签如表 1-2 所示。

表 1-2　常用的文本格式化标签

| 标签 | 显示效果 |
| --- | --- |
| <b></b> | 文字以粗体方式显示 |
| <strong></strong> | 定义强调文字，显示效果为加粗 |
| <big></big> | 文字放大显示 |
| <small></small> | 文字缩小显示 |
| <i></i> | 文字以斜体方式显示 |
| <em></em> | 定义强调文字，显示效果为斜体 |
| <sub></sub> | 定义下标文字 |
| <sup></sup> | 定义上标文字 |

在 HTML 文档中，有些字符无法直接显示出来，浏览器在解析 HTML 文档时会报错。为了防止代码混淆，在 HTML 文件中如果要显示特殊字符，则必须用其转义字符进行表示，常用的转义字符如表 1-3 所示。

表 1-3　常用的转义字符

| 字符 | 转义字符 | 字符 | 转义字符 |
| --- | --- | --- | --- |
| < | < | 空格 |   |
| > | > | 间隔符 | • |
| " | " | ©（版权所有） | © |
| ' | ´ | ®（注册商标） | ® |
| & | & | × | × |
| / | ⁄ | ÷ | ÷ |

【Example1-6.html】

```
<!DOCTYPE html>
<html>
    <head>
        <meta charset="UTF-8">
        <title>格式标签及转义字符标签</title>
    </head>
    <body>
        <b>这些文字是加粗的</b><br />
        <strong>这些文字也是加粗的</strong><br />
        <small>这些文字缩小了</small><br />
        <big>这些文字放大了</big><br />
        <i>这些文字是斜体的</i><br />
        <em>这些文字也是斜体的</em><br />
        这些文字包含<sub>下标</sub><br />
        这些文字包含<sup>上标</sup>
        <p>
                我的前面有 4 个空格。<br>
            如果不用转义字符，大于符和小于符都无法显示在网页中：&lt;p&gt;
        </p>
    </body>
</html>
```

在本例中，前面用文本格式化标签加入了各类文本格式的文字，而在 p 段落中则用空格的转义字符与小于符和大于符的转义字符显示了各个字符的效果，浏览效果如图 1-12 所示。

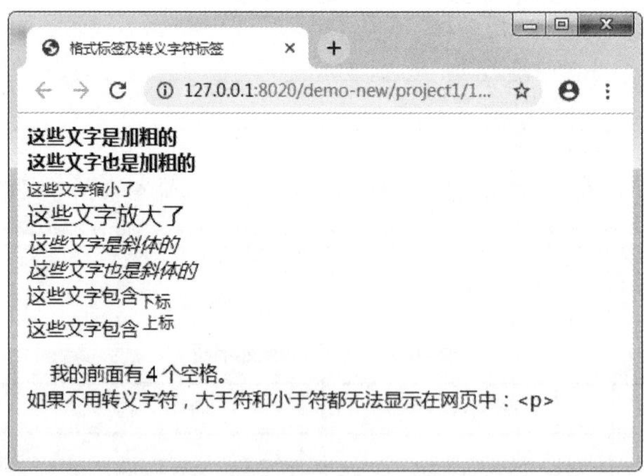


图 1-12　使用文本格式化标签与转义字符的效果

## 六、HTML5 结构元素标签

HTML5 新增了许多语义化结构元素标签，为网页布局带来了改变，并提升了对搜索引擎的友好度，常用的结构元素标签如表 1-4 所示。

表 1-4 常用的结构元素标签

| 标签 | 说明 |
| --- | --- |
| <header> | 页面或页面中某个区块的页眉，通常是一些引导和导航信息 |
| <nav> | 可以作为页面导航的链接组 |
| <main> | 网页中的主内容区，应与文档直接相关，或者是文档中心主题的扩展 |
| <section> | 页面中的一个内容区块，通常由内容及其标题组成 |
| <article> | 代表一个独立的、完整的相关内容块，可独立于页面其他内容使用 |
| <aside> | 非正文的内容，与页面的主要内容是分开的，若被删除也不会影响网页的内容 |
| <footer> | 页面或页面中某个区块的页脚 |

1. <header>标签

<header>用来标记介绍性或导航性的内容区域，页面中没有数量限制，通常包含<h1>～<h6>，也可以没有。<header>元素不能与<footer>元素互相嵌套，<header>里面也不能嵌套<header>，<header>不是非用不可，只要<h1>～<h6>能完全胜任，可以不用<header>元素，用法如图 1-13 所示。

2. <nav>标签

<nav>定义导航链接的部分，标注一个导航链接的区域，通常出现在<header>里。一个页面中可以有多个<nav>元素，作为页面整体或不同部分的导航，但并不是所有有导航链接的 HTML 文档都要使用<nav>元素，比如版权部分的链接。<nav>通常适用于传统导航条、侧边栏导航、页内导航、翻页操作，用法如图 1-14 所示。

```
<header>
    <h1>欢迎光临</h1>
    <p>本课程主要介绍如何学习HTML5</p>
</header>
```

图 1-13 <header>标签

```
<header>
    <nav>
        <a href="#"> 首页 </a>
        <a href="#"> 产品 </a>
        <a href="#"> 联系 </a>
    </nav>
</header>
```

图 1-14 <nav>标签

3. <article>标签

<article>标签规定独立的自包含内容，可以是论坛帖子、报纸文章、博客条目、用户评论等。<article>和<article>可以互相嵌套，里面的<article>与外面的<article>是部分与整体的关系。一个页面可以有多个<article>，也可以没有，用法如图 1-15 所示。

```
<article>
    <h1>HTML5介绍 </h1>
        <p> HTML5是HTML的最新版本 </p>
        <p> HTML5增加了很多新的语义标签 </p>
    <h2>CSS3介绍 </h2>
        <p>CSS3是CSS的最新版本 </p>
        <p>CSS3增加了很多新的功能 </p>
</article>
```

图 1-15 <article>标签

4. <main>标签

<main>标签定义页面的主体内容，每个页面只能包含一个<main>标签，<main>标签中不包含网站标题、logo、主导航、版权声明等信息。<main>元素中的内容对于文档来说应当是唯一的，在一个文档中不能出现一个以上的<main>元素。<main>标签的用法如图 1-16 所示。

```
<main>
    <article>
        <h1>这是一篇新闻</h1>
        <p>这里是新闻的具体内容…… </p>
    </article>
    <article>
        <h1>这是一篇新闻</h1>
        <p>这里是新闻的具体内容…… </p>
    </article>
</main>
```

图 1-16 <main>标签

5. <section>标签

<section>表示文档的一个一般区块，它可以表示一个特定的区块（如文章的章节），但不能和<div>混淆，<div>没有任何语义。<section>嵌套在<article>中，表示文章的章节，通常用在具有相似主题的一组内容中。<section>里面必须有<h1>～<h6>标签，用法如图 1-17 所示。

```
<article>
    <h1>HTML5实践课程 </h1>
    <p>HTML5实践课程介绍 </p>
    <section>
        <h2> HTML发展 </h2>
        <p> 这里介绍HTML的发展历史…… </p>
    </section>
    <section>
        <h2> HTML5的新特性 </h2>
        <p> 这里介绍HTML5的新特性…… </p>
    </section>
</article>
```

图 1-17 <section>标签

6. <aside>标签

<aside>标签定义主体内容之外的内容，<aside>的内容应与附近的内容相关，且可用作文章的侧栏。<aside>应出现在主内容之后，用法如图 1-18 所示。

```
<aside>
    <h3>最新文章</h3>
    <p>第一篇文章</p>
    <p>第二篇文章</p>
    <p>第三篇文章</p>

    <h3>推荐文章</h3>
    <p>第一篇文章</p>
    <p>第二篇文章</p>
    <p>第三篇文章</p>
</aside>
```

图 1-18 <aside>标签

7. <footer>标签

<footer>标签定义文档或节的页脚。页脚通常包含文档的作者、版权信息、使用条款链接、联系信息等。离<body>最近的<footer>表示整个页面的页脚。不能将<footer>元素嵌套在<header>中，<footer>中也不能嵌套<header>或另一个<footer>，但<footer>可以嵌套在<article>中作为文章的页脚，可以放置文章作者及联系方式，联系信息放在<address>中，用法如图 1-19 所示。

```
<article>
    <h1>这是一篇新闻</h1>
    <p>这里是新闻的具体内容……</p>
    <footer>
        <p>新闻作者：***</p>
        <address>
            e-mail：99150752@qq.com
        </address>
    </footer>
</article>
<footer>
    copyright 2018 **网站版权所有
</footer>
```

图 1-19　<footer>标签

可以运用以上语义化结构标签定义一个网页的布局模块，如图 1-20 所示。

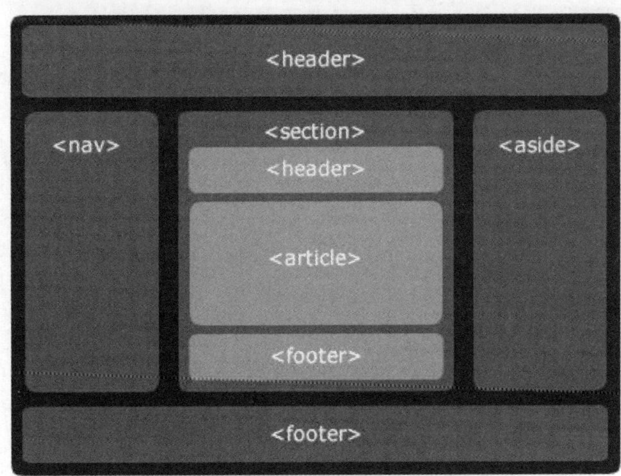


图 1-20　语义化结构标签布局示例

下面通过一个综合应用实例来学习语义化结构标签的应用。

【Example1-7.html】

```
<!DOCTYPE html>
<html>
    <head>
        <meta charset="UTF-8">
        <title>语义化结构标签</title>
```

```
    </head>
    <body>
        <header>
            <h2>我的介绍</h2>
        </header>
        <nav>
            首页|爱好|文章
        </nav>
        <main>
            <section>
                <p>大家好，我叫***。</p><!--段落标签-->
                <p>
                    我希望能与大家和谐相处，结交更多的朋友，共同进步。
                    如果大家觉得我哪点做得不足，可以告诉我，我一定尽快改正。
                </p>
            </section>
        </main>
        <footer>
            友情链接：小丽的主页
        </footer>
    </body>
</html>
```

在本例中，运用语义化结构标签定义了各个相对独立的模块内容，提升了网页代码的可读性，浏览效果如图 1-21 所示。

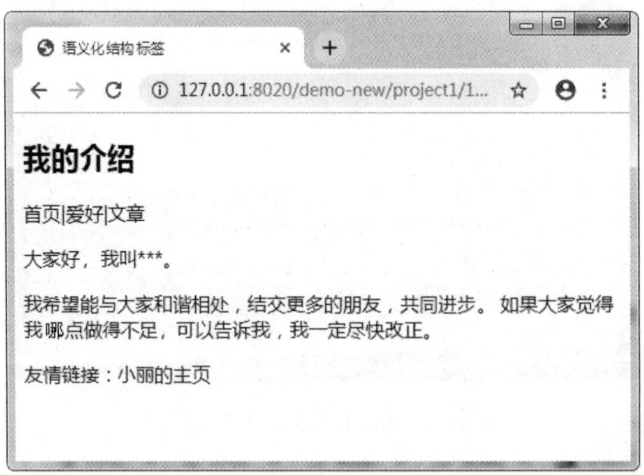


图 1-21　语义化结构标签使用效果

## 实现步骤

内容添加

（1）新建项目。启动 HBuilder，新建 web 项目，站点名称为 web，并将目录定位在 Desktop 目录下，如图 1-22 所示。

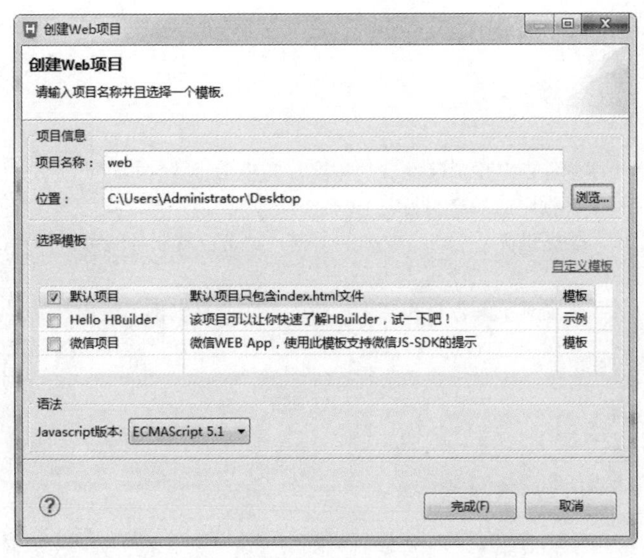


图 1-22　新建项目

（2）在 web 站点根目录下新建一个名为 recruit.html 的文件，网页标题设置为“项目 1-任务 1”，如图 1-23 所示。

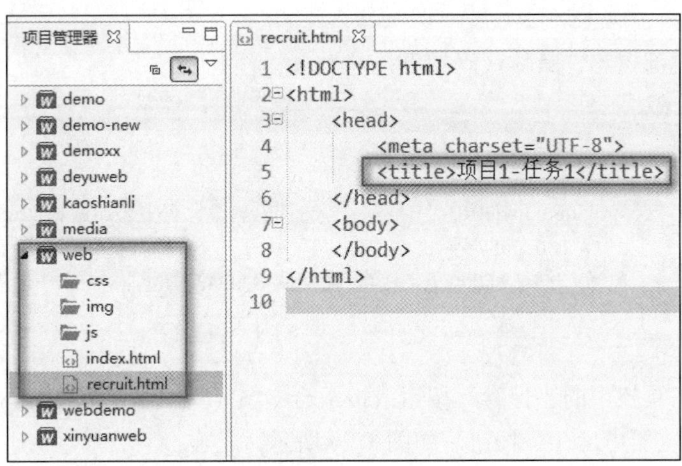


图 1-23　新建文件

（3）构建头部内容，具体代码如下：

```
<header>
    <h1>华响设计有限公司</h1>
    <nav>首页|新闻中心|诚聘英才|案例展示|在线留言</nav>
    <hr />
</header>
```

（4）用语义化结构标签与文本段落标签构建主体内容，具体代码如下：

```
<main>
    <h2>诚聘英才</h2>
    <h3>华响设计有限公司——外贸市场部</h3>
```

```
    <h3>岗位名称：市场总监</h3>
    <section>
        <h4>岗位职责</h4>
        <p>
            1.负责泉州地区业务的拓展，向小微企业客户进行贷款产品的营销推广，完成
              指定的销售目标；
            2.提供高质量、高效率的售前，负责贷款业务的营销开展：贷前客户资信调查、
              贷中信贷流程申报；
            3.及时了解客户和合作伙伴的反馈，并向部门提出产品及流程优化建议；
            4.搜集市场动态，及时向直线主任反馈，并给予市场开发方面的积极建议。
        </p>
    </section>
    <section>
        <h4>任职资格</h4>
        <p>
            1.28～40 岁，国际贸易、外贸英语、英语专业或相关专业本科及以上学历；
            2.5 年以上的外贸业务工作经验，3 年以上的生物科技行业外贸业务的工作经验；
            3.良好的沟通能力。
        </p>
    </section>
</main>
```

（5）构建尾部内容，具体代码如下：

```
<footer>
    <hr />
    <p>
        copyright&copy;2012-2018          华响设计有限公司版权&reg;所有      粤 ICP
            备 10026687 号<br/>
          电话：0762-3800020   传真：0762-3800043   地址：广东小城街道 256 号。
    </p>
</footer>
```

（6）单击工具栏中的“保存”按钮或按组合键 Ctrl+S 对文件进行保存，然后单击工具栏中的“在浏览器中运行”按钮，如图 1-24 所示。

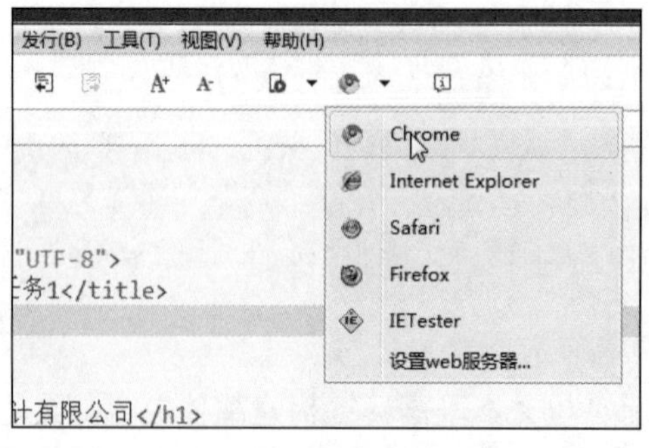


图 1-24　单击“在浏览器中运行”按钮

**注意：**如果计算机中没有安装 Chrome（谷歌）浏览器，页面将无法浏览成功，可以到

网上下载一个谷歌浏览器，因为目前谷歌浏览器对 HTML5 和 CSS3 的兼容性最好，此外，Firefox（火狐）对二者也支持得比较好。

（7）运行后，相应的浏览器将会打开并在其中显示完成的效果，如图 1-25 所示。本任务构建了一个包含标题、水平分隔线、段落的文本页，并运用语义化结构标签对页面内容的结构进行分块，提升了整体网页代码的可读性。

图 1-25　浏览效果

# 任务 2　页面样式修饰

## 任务目标

### 知识目标

- 掌握样式表的 3 种应用方式。
- 掌握 CSS 定义的基本语法。
- 掌握 CSS 中文本属性及属性值的含义。

### 能力目标

- 能完成简单文字内容页的制作和对象样式的定义。
- 能在网页中添加 CSS 文本样式来修饰网页对象。

## 任务效果

利用 CSS 样式添加方法及文本样式属性完成“诚聘英才”页面样式的设置，对任务 1 中的网页进行美化，效果如图 1-26 所示。

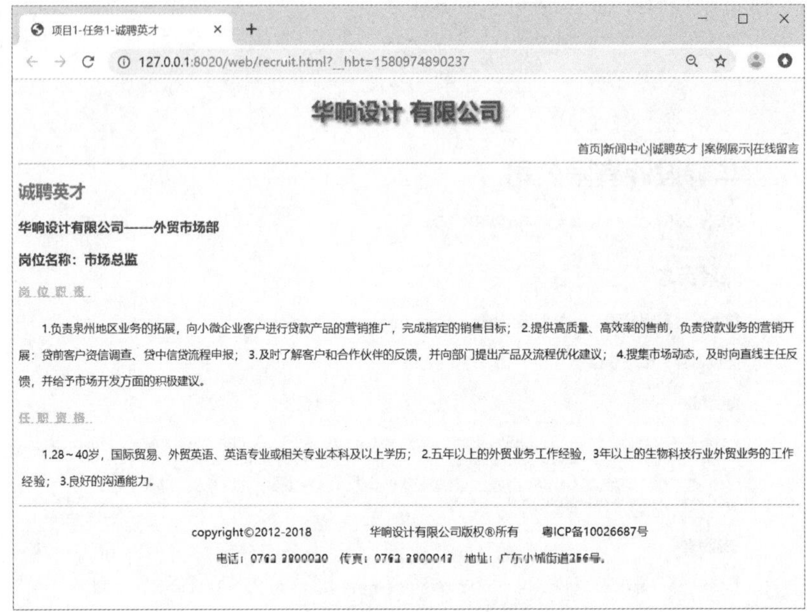


图 1-26　页面修饰效果

## 相关知识

CSS 简介

### 一、CSS 简介

层叠样式表（Cascading Style Sheets）是一种用来表现 HTML（标准通用标记语言的一个应用）和 XML（标准通用标记语言的一个子集）等文件样式的计算机语言。CSS 目前的最新版本为 CSS5，是一种真正能够做到网页表现与内容分离的样式设计语言。相对于传统 HTML 的表现而言，CSS 能够对网页中对象的位置排版进行像素级精确控制，且几乎支持所有的字体和字号样式，拥有对网页对象和模型样式编辑的能力，并能够进行初步交互设计，是目前基于文本展示最优秀的表现设计语言。CSS 能够根据不同使用者的理解能力简化或者优化写法，有较强的易读性。

CSS 样式表的功能一般可以归纳为以下几点：

- 灵活控制页面中文本的字体、颜色、大小、间距、风格和位置。
- 任意设置一个文本块的行高、缩进，并可为文本块加入三维效果的边框。
- 可以方便快捷地定位网页中的任何元素来设置不同的背景颜色和背景图片。
- 精确控制网页中各元素的位置。
- 可以给页面中的元素设置各种过滤器，从而产生阴影、模糊、透明等效果，而这些效果通常只有在一些图像处理软件中才能实现。

- 可以与脚本语言相结合，使网页中的元素产生各种动态效果。

## 二、CSS 样式规则

使用 HTML 时需要遵从一定的规范。CSS 亦如此，要想熟练地使用 CSS 对网页进行修饰，首先需要了解 CSS 样式规则。

下面这行代码的作用是将 h1 元素内的文字颜色定义为红色，同时将字体大小设置为 14 像素。

```
h1 {color:red; font-size:14px;}
```

在这个例子中，h1 是选择器，color 和 font-size 是属性，red 和 14px 是值。

图 1-27 展示了上面这段代码的结构。

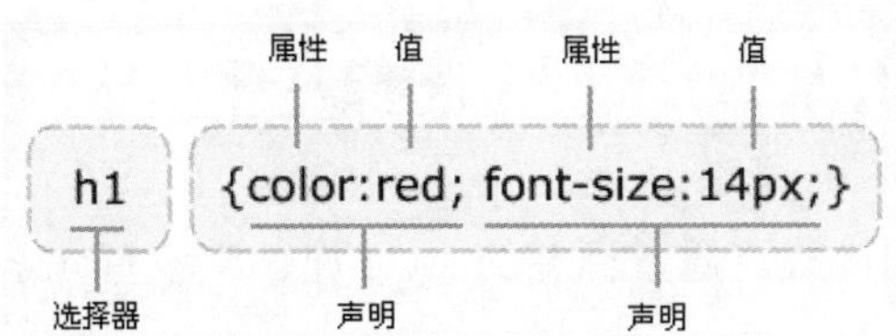


图 1-27　CSS 样式规则结构示意图

在上面的样式规则中：

（1）选择器用于指定 CSS 样式作用的 HTML 对象，花括号内是对该对象设置的具体样式。

（2）属性和属性值以“键值对”的形式出现。

（3）属性是对指定的对象设置的样式属性，例如字体大小、文本颜色等。

（4）属性和属性值之间用英文半角“:”连接。

（5）多个“键值对”之间用英文半角“;”进行区分。

CSS 样式定义的三类方式

## 三、引入 CSS 样式

### 1. 内嵌样式

内嵌样式是嵌入到HTML 文件的<head>标签中的，用<style>标签说明所要定义的样式，用<style>标签的 type 属性来进行 CSS 语法定义，适用于指定当前网页中元素的样式，基本语法格式如下：

```
<head>
    <style type="text/css">
        选择器{
        属性 1:属性值 1;
        属性 2:属性值 2;
        属性 3:属性值 3;
        ...
        属性 n:属性值 n;
```

```
        }
    </style>
</head>
```

语法中，<style>标签一般位于<head>标签中的<title>标签之后，也可以把它放在 HTML 文档的任何地方。type="text/css" 在 HTML5 中可以省略，但写上会比较符合规范。下面的代码中设置了当前网页中 h1 对象的文本颜色为#ff0000 和 p 对象的行高为当前行文字的 1.5 倍大小。

```
<style type="text/css">
    h1{
        color:#ff0000;          /*文字颜色为红色*/
    }
    p{
        line-height:1.5em;      /*段落行高为 1.5 倍行距*/
    }
</style>
```

2. 行内样式

行内样式，又称行间样式，通过标签的 style 属性来设置元素的样式，基本语法格式如下：

```
<标签名 style="属性 1:属性值 1;属性 2:属性值 2;属性 3:属性值 3;">内容</标签名>
```

下列代码中就设置了 h1 标签中的文字颜色为红色，字体大小为 24 像素，字体为微软雅黑。

```
<h1 style="color:red;font-size:24px;font-family:'微软雅黑';">
    行内样式直接引用
</h1>
```

语法中，style 是标签的属性，实际上任何 HTML 标签都具有 style 属性，用来设置行内样式。其中属性和值的书写规范与 CSS 样式规则相同，行内样式只对其所在的标签及嵌套在其中的子标签起作用。

3. 链接外部样式（链接式）

链接外部样式就是将多个页面所公用的 CSS 单独保存为一个后缀为 css 的文件，在 HTML 页面中的<head>部分调用此文件。这样做的好处是，如果将一个网站或一个栏目中绝大多数页面都调用到的 CSS 保存为一个独立外部文件，当需要修改某一类页面元素所应用的样式时只要修改页面所链接的 CSS 文件就可以改变所有与之关联的页面，这将使页面元素样式的修改变得较为简易。

基本语法：

```
<link rel="stylesheet" href="样式文件名.css" type="text/css" />
```

其中，<link>标签用来定义文档与外部资源的关系，是单标记标签，只能出现在 HTML 文档的<head>标签的内部。

- rel 属性：用来说明<link>元素在这里要完成的任务是链接一个独立的 CSS 文件。
- href 属性：给出了所要链接的 CSS 文件的 URL 地址。

- type 属性：规定被链接文档的 MIME 类型。

所有的样式单独地定义在所链接的.css 文件中，不需要<style>标签的定义。

下面的实例中就链接了一个名为 Example1-8.css 的样式文件到当前实例文本中。

【Example1-8.html】

```
<!DOCTYPE html>
<html>
    <head>
        <meta charset="UTF-8">
        <title>链接外部样式</title>
        <link rel="stylesheet" type="text/css" href="Example1-8.css"/>
    </head>
    <body>
        <h1>HTML 简介</h1>
        <p>超级文本标记语言是标准通用标记语言下的一个应用，也是一种规范。</p>
    </body>
</html>
```

Example1-8.css 是在项目中新建的 CSS 类型的文件，右击需要新建文件所在的目录，在弹出的快捷菜单中选择“新建”→“CSS 文件”命令，如图 1-28 所示。

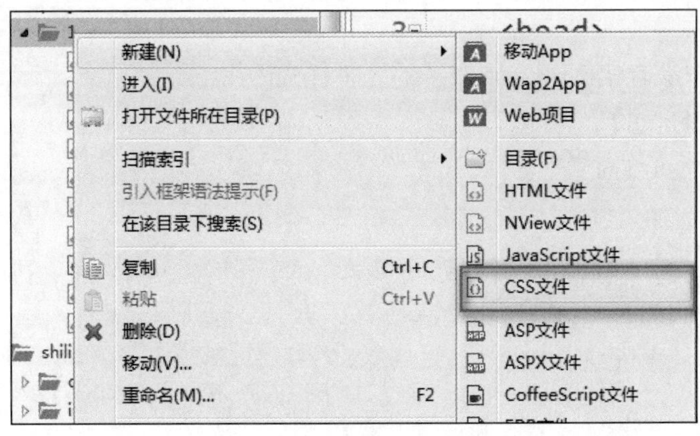


图 1-28 新建 CSS 文件

在 Example1-8.css 文件中还需要加入对网页对象的样式设置代码，如下：

```
h1{
    color:#ff0000;          /*文字颜色为 #ff0000*/
    text-align: center;     /*文本居中对齐*/
}
p{
    line-height:1.5em;      /*行间距为 1.5 倍文字大小*/
    text-indent:2em;        /*首行缩进两个字符*/
}
```

浏览效果如图 1-29 所示，标题文字变成了红色且居中，内容段落首行缩进两个字符，行间距为 1.5 倍。

图 1-29　外部链接样式浏览效果

这 3 种样式引入都可以对网页中的对象进行样式设置，3 种样式的优缺点对比如表 1-5 所示。

表 1-5　CSS 的 3 种样式对比

| 样式方式 | 优点 | 缺点 | 使用情况 | 控制范围 |
| --- | --- | --- | --- | --- |
| 行内样式 | 书写方便，权重高 | 没有实现样式和结构相分离 | 较少 | 控制一个标签（少） |
| 内嵌样式 | 部分结构和样式相分离 | 没有彻底分离 | 较多 | 控制一个页面（中） |
| 链接外部样式 | 完全实现结构和样式相分离 | 需要引入 | 最多 | 控制整个站点（多） |

下面通过一个综合案例来演示 CSS 的 3 种样式的用法。

【Example1-9.html】

```
<!DOCTYPE html>
<html>
    <head>
        <meta charset="UTF-8">
        <title>CSS 样式引入</title>
        <style type="text/css">
            h2{text-align:center;}    /*1.内嵌样式：定义标题标记居中对齐*/
        </style>
        <!--3.链接外部样式-->
        <link rel="stylesheet" type="text/css" href="Example1-9.css"/>
    </head>
    <body>
        <h2>内嵌 CSS 样式</h2>
        <!--2.行内样式：定义段落文字颜色为红色-->
        <p style="color:red">
            行内样式，又称行间样式，通过标签的 style 属性来设置元素的样式。
        </p>
    </body>
</html>
```

在同一个文件夹中新建一个 Example1-9.css 文件，定义网页中的所有文字行高为 2 倍文字大小。Example1-9.css 文件的代码如下：

```
body{line-height: 2em;}          /*定义页面中所有文字的行高为 2 倍文字大小*/
```

浏览效果如图 1-30 所示。在本例中运用内嵌样式设置了标题居中对齐，运用行内样式设置了 P 段落的文字为红色，并链接了一个外部样式文件，在该文件中设置了网页中所有文字的行高为 2 倍文字大小。

图 1-30 CSS 样式引入

## 四、CSS 中的长度与颜色值

### 1. CSS 长度单位

在样式设置时会用到多种长度单位，在 CSS 中长度是一种度量尺寸，用于宽度、高度、字号、字和字母间距、文本的缩排、行高、页边距、贴边、边框线宽和其他属性。长度可以是绝对长度，也可以是相对长度。

CSS 中常用的绝对长度单位有厘米（cm）、毫米（mm）、英寸（in）、点（pt）、派卡（pc）等。绝对长度值的使用范围比较有限，只有在完全知道外部输出设备的具体情况时才使用绝对长度值。也就是说，绝对长度值适用于打印机等输出设备，而在仅仅作为屏幕显示时，使用绝对长度值意义不大，应该尽量使用相对长度值。

相对长度就是需要定义尺寸的元素按照系统和浏览器默认的大小为标准，相应地按比例缩放。这样就不会产生难以辨认的情况。

百分比单位以及某些 HTML 标签（如<h1>至<h2>等）就是一种相对长度。另外，CSS 还支持以下 3 种长度的相对单位：em（当前字体中字母 m 的宽度）、ex（当前字体中字母 x 的高度）、px（一个像素的大小）。使用 em 和 ex 的目的是为所给的字体设置合适的宽度，而没有必要知道字体有多大。在显示时，可通过比较当前字体中的 m 和 x 来确定。字体越大，所对应的 em 和 ex 就越大。

以像素为单位的长度是相对于显示器上像素（或为方形）的高度和宽度的。影像的宽度和高度通常是以像素给出的，但像素测量法通常也不是个好方法。因为像素的大小依据分辨率的设置变化较大，而大多数用户都会将显示器设置成尽可能高的分辨率，从而导致像素太小，无法阅读。

### 2. CSS 中的颜色值

适当地在页面不同的位置使用不同的颜色能使 HTML 页面充满生气，还可以通过颜色把读者的注意力吸引到关键的部分。

定义颜色值可以使用百分比值。在这种情况下，红、绿、蓝颜色值的等级用百分比数来确定，格式为 rgb(R%,G%,B%)。

指定颜色的另一种方法是使用 0～255 之间的整数来设置，格式为 rgb(128,128,128)。

定义颜色的第三种方法是使用十六进制数组。这种定义颜色的方法对于经常进行程序设计的人来说比较熟悉。定义颜色时使用 3 个前后按顺序排列的十六进制数组表示，例如#FC0EA8，这种定义的方式就是形如#RRGGBB 的格式，即在红、绿、蓝的位置上添加需要的十六进制值。

定义颜色的最后一种方法也是最简单的方法是指定颜色的名称，CSS 中有 17 个预先确定的颜色，即 aqua（水绿色）、black（黑色）、blue（蓝色）、fuchsia（紫红色）、gray（灰色）、green（绿色）、lime（柠檬绿色）、maroon（褐红色）、navy（藏青色）、olive（橄榄色）、orange（橙色）、purple（紫色）、red（红色）、silver（银色）、teal（青色）、white（白色）、yellow（黄色）。

还可以通过在线拾色器网址 https://www.w3cschool.cn/tools/ index?name=cpicker 进行颜色值的获取。

## 五、文本属性

文本样式

CSS 提供了多种属性对文本进行格式设置，文本属性可以设置文本颜色、文本对齐方式、文本修饰、文本行高、文本字间距、文本缩进等。

1. color: 文本颜色

color 属性用于定义文本的颜色，取值方式有以下 4 种：

- 预定义的颜色值，如 red、green、blue 等。示例为：color:red;　　/*文字颜色为红色*/。
- 十六进制，如#FF0000、#FF6600、#29D794 等。实际工作中，十六进制是最常用的定义颜色的方式。示例为：color:#ff0000;。
- RGB 代码，如红色可以表示为 rgb(255,0,0)或 rgb(100%,0%,0%)。需要注意的是，如果使用 RGB 代码的百分比颜色值，取值为 0 时也不能省略百分号，必须写成 0%。
- 文字颜色半透明的格式 color:rgba(r,g,b,a)，a 是 alpha 透明的意思，取值范围为 0～1。如 color: rgba(0,0,0,0.5)就可以设置颜色为透明。

【Example1-10.html】

```
<!DOCTYPE html>
<html>
    <head>
        <meta charset="UTF-8">
        <title>color 属性</title>
        <style type="text/css">
            h1{color:green;}                    /*颜色单词*/
            h2{color:#008000;}                  /*6 位十六进制数，最常用 */
            h3{color:rgb(0,128,0);}             /*rgb 模式*/
```

```
            h4{color:hsl(120,100%,25%);}        /*hsl 模式*/
            h5{color:rgba(0,128,0,0.5);}        /*rgba 模式*/
        </style>
    </head>
    <body>
        <h1>标题 1</h1>
        <h2>标题 2</h2>
        <h3>标题 3</h3>
        <h4>标题 4</h4>
        <h5>标题 5</h5>
    </body>
</html>
```

在本例中用 5 种方式对文本进行了颜色设置，同样都是绿色，但可以用不同的颜色表示方式来进行设置，其中最后一个<h5>标签的文字颜色是设置成了半透明的效果，如图 1-31 所示。

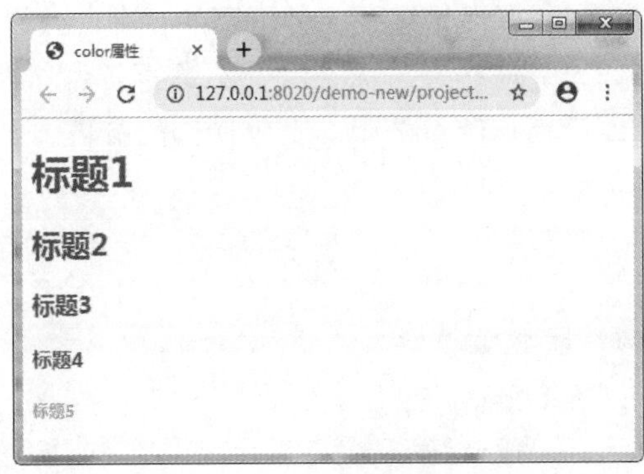


图 1-31　color 属性设置浏览效果

2. line-height: 行间距

line-height 属性用于设置行间距，就是行与行之间的距离，即字符的垂直间距，一般称为行高。line-height 常用的属性值单位有 3 种：像素 px、相对值 em 和百分比%，实际工作中使用最多的是像素 px。一般情况下，行距比字号大 7～8 像素即可。例如：

```
line-height:2em;                /*行间距为 2 个字母 m 的高度*/
```

【Example1-11.html】

```
<!DOCTYPE html>
<html>
    <head>
        <meta charset="UTF-8">
        <title>line-height 属性</title>
        <style type="text/css">
            .p1{line-height:100%;}
            .p2{line-height:60%;}
            .p3{line-height:2em;}
        </style>
```

```
    </head>
    <body>
        <p class="p1">
            这是拥有标准行高的段落。<br>
            这是拥有标准行高的段落。
        </p>
        <p class="p2">
            这个段落拥有更小的行高。<br>
            这个段落拥有更小的行高。
        </p>
        <p class="p3">
            这个段落拥有更大的行高。<br>
            这个段落拥有更大的行高。
        </p>
    </body>
</html>
```

在本例中，运用 line-height 属性设置了 3 种不同的行高，效果如图 1-32 所示，这里使用到的选择符是类选择符，首先应在对象标签内定义类的名称，然后运用“.类名”进行引用，再对其进行属性设置，这在后续章节中会有更详细的解析。

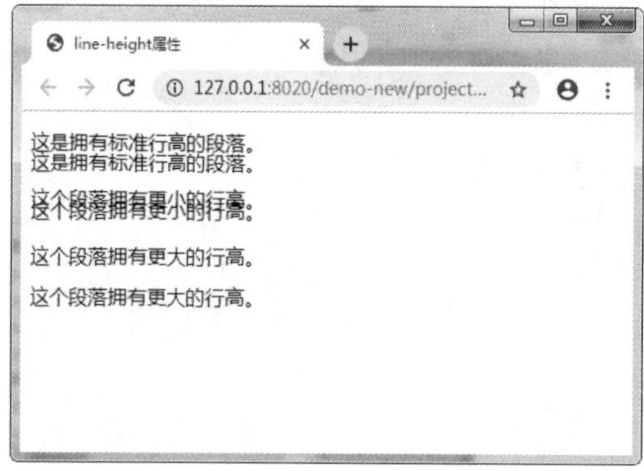


图 1-32　line-height 属性设置浏览效果

3. text-align：水平对齐方式

text-align 属性用于设置文本内容的水平对齐，相当于 HTML 中的 align 对齐属性。其可用的属性值如下：

- left：左对齐（默认值）。
- right：右对齐。
- center：居中对齐。

【Example1-12.html】

```
<!DOCTYPE html>
<html>
    <head>
        <meta charset="UTF-8">
```

```
        <title>text-align 属性</title>
        <style type="text/css">
            h1{text-align:center;}
            h2{text-align:left;}
            h3{text-align:right;}
        </style>
    </head>
    <body>
        <h1>这是标题 1</h1>
        <h2>这是标题 2</h2>
        <h3>这是标题 3</h3>
    </body>
</html>
```

在本例中，运用 text-align 属性设置了 3 种不同的文本对齐方式，效果如图 1-33 所示，标题 1 居中对齐，标题 2 左对齐（也是默认值，可以不设置），标题 3 右对齐。

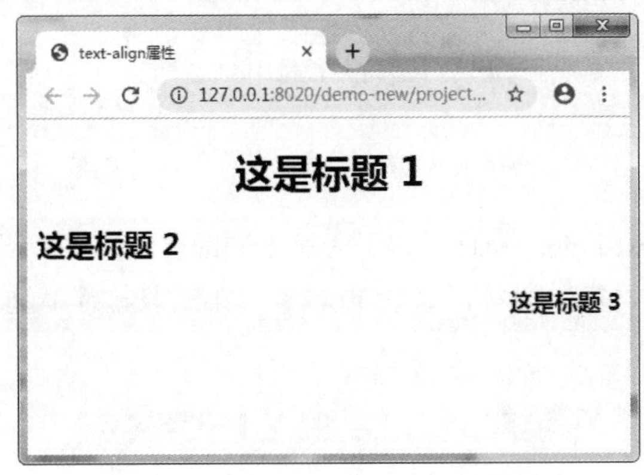


图 1-33　text-align 属性设置浏览效果

4. text-indent：首行缩进

text-indent 属性用于设置首行文本的缩进，其属性值可为不同单位的数值、em 字符宽度的倍数、相对于浏览器窗口宽度的百分比，百分数要相对于缩进元素父元素的宽度。换句话说，如果将缩进值设置为 20%，所影响元素的第一行会按照其父元素宽度的 20%缩进，允许使用负值。利用该技术可以实现很多有趣的效果，比如“悬挂缩进”，即第一行悬挂在元素中余下部分的左边。一般建议使用 em 作为设置单位。1em 就是一个字母 m 的宽度（如果是汉字的段落，1em 就是一个汉字的宽度）。

【Example1-13.html】

```
<!DOCTYPE html>
<html>
    <head>
        <meta charset="UTF-8">
        <title>text-indent 属性</title>
        <style type="text/css">
            .p1{text-indent:2em;}          /*首行缩进两个字符*/
```

```
            .p2{text-indent:50px;}          /*首行缩进 50 像素*/
            .p3{text-indent:50%;}           /*首行缩进 50%宽度*/
        </style>
    </head>
    <body>
        <p class="p1">
            这是段落中的文字。这是段落中的文字。
            这是段落中的文字。这是段落中的文字。
            这是段落中的文字。这是段落中的文字。
        </p>
        <p class="p2">
            这是段落中的文字。这是段落中的文字。
            这是段落中的文字。这是段落中的文字。
            这是段落中的文字。这是段落中的文字。
        </p>
        <p class="p3">
            这是段落中的文字。这是段落中的文字。
            这是段落中的文字。这是段落中的文字。
            这是段落中的文字。这是段落中的文字。
        </p>
    </body>
</html>
```

在本例中，运用 text-indent 属性设置了 3 种不同的首行缩进效果，如图 1-34 所示，第一段首行缩进两个字符，第二段首行缩进 50 像素，第三段首行缩进 50%宽度。

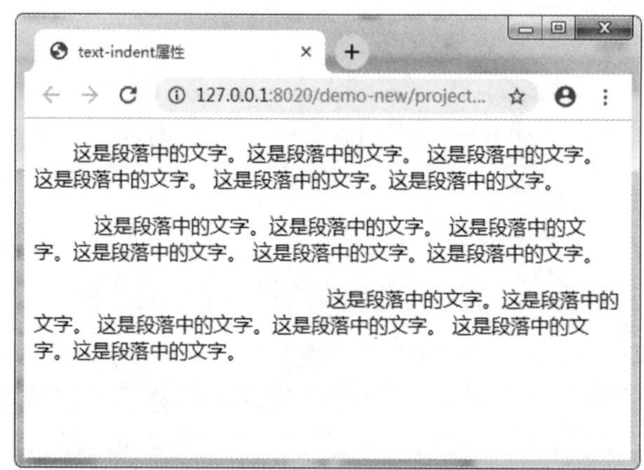


图 1-34　text-index 属性设置浏览效果

5. letter-spacing：字间距

letter-spacing 属性用于定义字间距，所谓字间距就是字符与字符之间的空白。其属性值可为不同单位的数值，允许使用负值，默认为 normal。

6. word-spacing：单词间距

word-spacing 属性用于定义英文单词之间的间距，对中文字符无效。与 letter-spacing 一样，其属性值可为不同单位的数值，允许使用负值，默认为 normal。

word-spacing 和 letter-spacing 均可对英文进行设置。不同的是，letter-spacing 定义的是字母之间的间距，word-spacing 定义的是英文单词之间的间距。

【Example1-14.html】

```
<!DOCTYPE html>
<html>
    <head>
        <meta charset="UTF-8">
        <title>字符间距和单词间距</title>
        <style type="text/css">
            .p1{letter-spacing:10px;}
            .p2{word-spacing:10px;}
        </style>
    </head>
    <body>
        <p>这是段落中的文字。这是段落中的文字。</p>
        <p class="p1">这是段落中的文字。这是段落中的文字。</p>
        <p>
            The letter-spacing attribute is used to define
            the spacing between English letters.
        </p>
        <p class="p2">
            The word-spacing attribute is used to define
            the spacing between English words.
        </p>
    </body>
</html>
```

在本例中只设置了其中两个段落的字符间距和单词间距，与没有设置的段落形成对比，如图 1-35 所示。

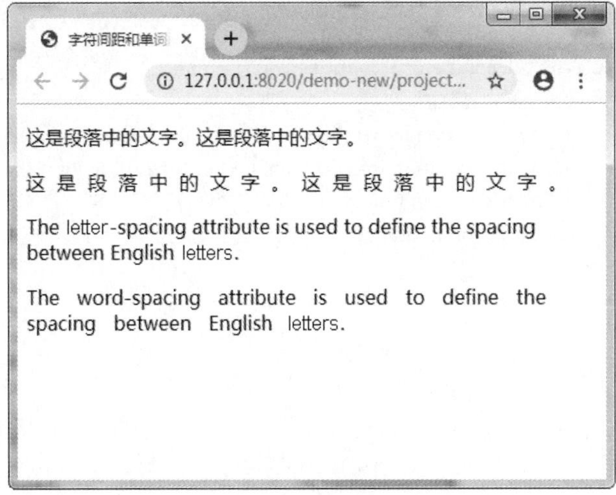


图 1-35　间距属性设置浏览效果

7. text-decoration：文本装饰

text-decoration 通常用于给链接添加装饰效果，有以下 4 个属性值：

- none：默认，无下划线。
- underline：定义下划线效果，也是 a 链接自带的样式效果。
- overline：定义上划线效果。
- line-through：定义删除线效果。

系统默认所有的装饰线条都是黑色单实线，如果想改变装饰线条的颜色和线型，可以设置以下两个属性：

（1）text-decoration-color：设置装饰线条的颜色，运用颜色值可以设置不同颜色的下装饰线条。例如：

```
text-decoration-color:red;
```

（2）text-decoration-style：设置装饰线条的类型，属性可以取下述 5 个值。

- solid：实线。
- double：双线。
- dotted：点状线条。
- dashed：虚线。
- wavy：波浪线。

例如：

```
text-decoration-style:double;
```

也可以将以上 3 个属性写在一个简写属性中，各属性值用空格进行分隔，例如：

```
text-decoration:underline blue double;
```

【Example1-15.html】

```
<!DOCTYPE html>
<html>
    <head>
        <meta charset="UTF-8">
        <title>text-decoration 属性</title>
        <style type="text/css">
            h1{text-decoration:overline; text-decoration-style:dotted;}
            h2{text-decoration:line-through; text-decoration-color:red;}
            h3{text-decoration:underline blue wavy;}        /*简写方式*/
            a{text-decoration:none;}
        </style>
    </head>
    <body>
        <h1>这是标题 1</h1>
        <h2>这是标题 2</h2>
        <h3>这是标题 3</h3>
        <p><a href="http://www.baidu.com">这是一个链接</a></p>
    </body>
</html>
```

在本例中只设置了 4 类文本装饰效果，并设置了装饰线条的颜色和类型，其中最后一个是取消链接原有的下划线效果，如图 1-36 所示。

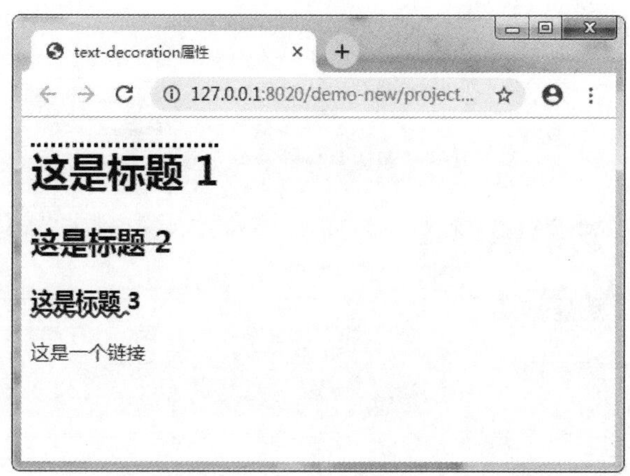


图 1-36　text-decoration 属性设置浏览效果

8. text-shadow：文字阴影

text-shadow 属性可以为文字添加阴影效果，可以通过属性设置文字水平阴影偏移距离、垂直阴影偏移距离、模糊距离和阴影的颜色。

语法：text-shadow: h-shadow v-shadow blur color;

- h-shadow：必需，水平阴影的偏移值，允许负值。
- v-shadow：必需，垂直阴影的偏移值，允许负值。
- blur：可选，模糊的距离值，不允许负值。
- color：可选，阴影的颜色。

【Example1-16.html】

```
<!DOCTYPE html>
<html>
    <head>
        <meta charset="UTF-8">
        <title>text-shadow 属性</title>
        <style type="text/css">
            h1{text-shadow:3px3px0px red;}
            h2{text-shadow:-3px-3px5px green;}
            h3{text-shadow:3px3px0px blue,6px6px10px orange;}
        </style>
    </head>
    <body>
        <h1>这是标题 1</h1>
        <h2>这是标题 2</h2>
        <h3>这是标题 3</h3>
    </body>
</html>
```

在本例中只设置了 3 类文本阴影效果：标题 1 为红色阴影，阴影位于右下方；标题 2 为绿色阴影，位于左上角，并且带有阴影的模糊效果；标题 3 设置了双重阴影，各阴影参数以逗号进行分隔，如图 1-37 所示。

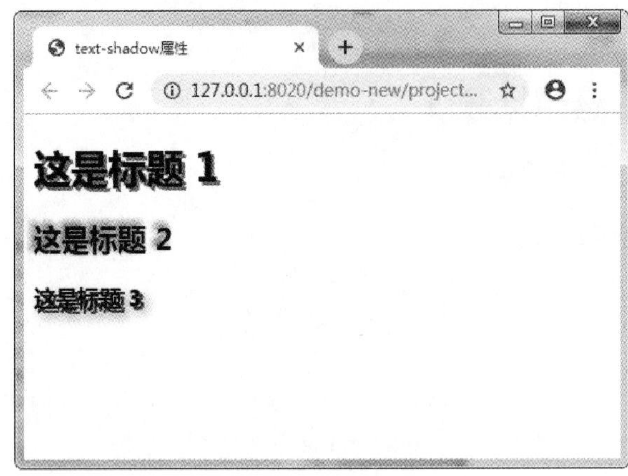


图 1-37　text-shadow 属性设置浏览效果

9. vertical-align：垂直对齐方式

设置内联元素在行框内的垂直对齐方式。

语法：vertical-align:baseline | sub | super | top | text-top | middle | bottom | text-bottom

- baseline：默认值，将支持 valign 特性的对象的内容与基线对齐。
- sub：垂直对齐文本的下标。
- super：垂直对齐文本的上标。
- top：将支持 valign 特性的对象的内容与对象顶端对齐。
- text-top：将支持 valign 特性的对象的文本与对象顶端对齐。
- middle：将支持 valign 特性的对象的内容与对象中部对齐。
- bottom：将支持 valign 特性的对象的内容与对象底端对齐。
- text-bottom：将支持 valign 特性的对象的文本与对象底端对齐。

【Example1-17.html】

```
<!DOCTYPE html>
<html>
    <head>
        <meta charset="UTF-8">
        <title>vertical-align 属性</title>
        <style type="text/css">
            span{font-size:8px;}
        </style>
    </head>
    <body>
        <p>参考内容<span style="vertical-align:top;">顶端对齐</span></p>
        <p>参考内容<span style="vertical-align:middle;">中部对齐</span></p>
```

```
            <p>参考内容<span style="vertical-align:bottom;">底端对齐</span></p>
        </body>
</html>
```

在本例中设置 span 对象的文字大小为 8px，与同行内正常大小的文字进行了对比。还设置了 3 种垂直对齐方式：顶端对齐、中部对齐和底端对齐，浏览效果如图 1-38 所示。

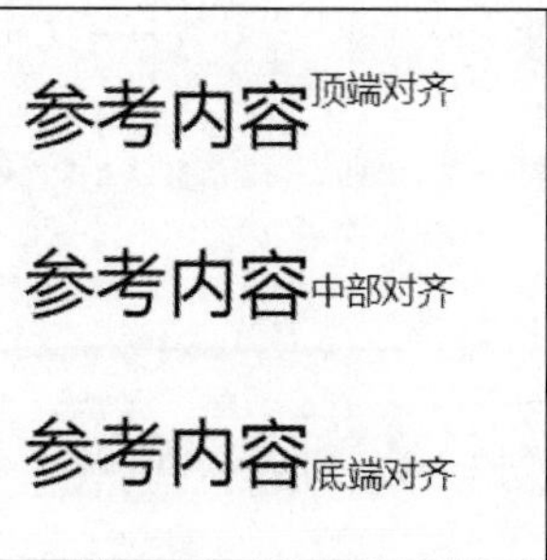


图 1-38 vertical-align 属性设置浏览效果

## 实现步骤

（1）启动 HBuilder，打开任务 1 中创建好的 web 项目，双击 recruit.html 文件，如图 1-39 所示。

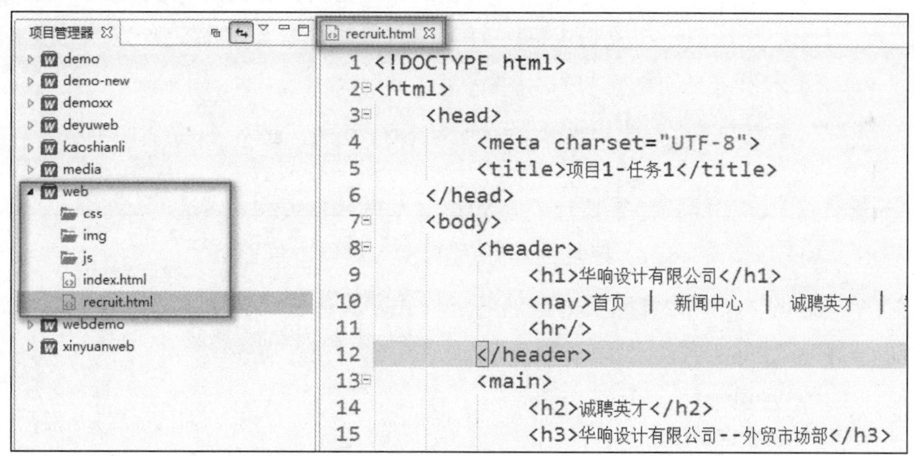


图 1-39 打开文件

（2）运用行内样式为网页添加背景，如图 1-40 所示。

```
<!DOCTYPE html>
<html>
    <head>
        <meta charset="UTF-8">
        <title>项目1-任务1</title>
    </head>
    <body  style="background-color:#fefdec; ">
```

图 1-40 添加网页背景

（3）运用内嵌样式为 h1 标题添加样式，如图 1-41 所示。

```
<!DOCTYPE html>
<html>
    <head>
        <meta charset="UTF-8">
        <title>项目1-任务1</title>
        <style type="text/css">
            h1{
                color: green;
                text-align: center;
                text-shadow: 3px 3px 4px gray;
            }
        </style>
    </head>
```

图 1-41　添加标题 1 样式

（4）在 CSS 目录中新建 recruit.css 文件，并其链接到 recruit.html 文件中，如图 1-42 所示。

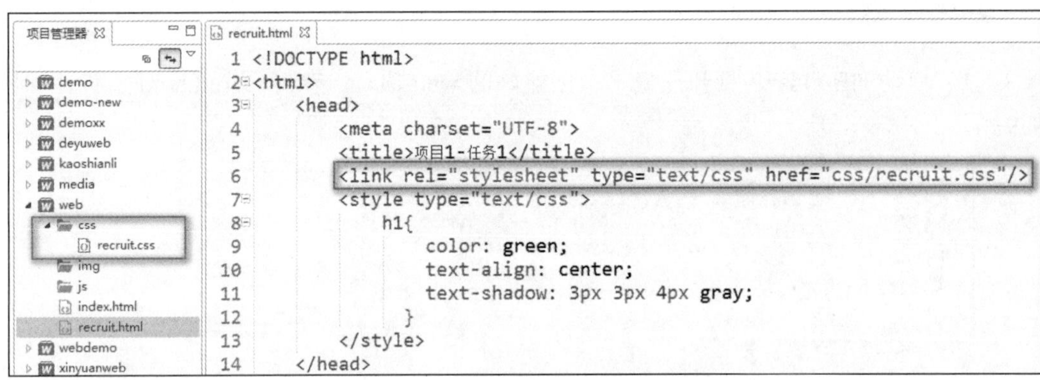


图 1-42　新建样式文件并链接

（5）在 recruit.css 中设置网页对象的各类样式，具体代码如下：

```
body{color:blue;}
h2{color:red;}
nav{text-align:right;}
h4{color:orange;text-decoration:underline;letter-spacing:10px;}
p{
    line-height:36px;
    color:#000;
    text-indent:2em;
 }
h3{text-align:left;}
footer{text-align: center;}
```

（6）单击工具栏中的“保存”按钮或按组合键 Ctrl+S 对文件进行保存，然后单击工具栏中的“在浏览器中运行”按钮，网页的浏览效果如图 1-43 所示。

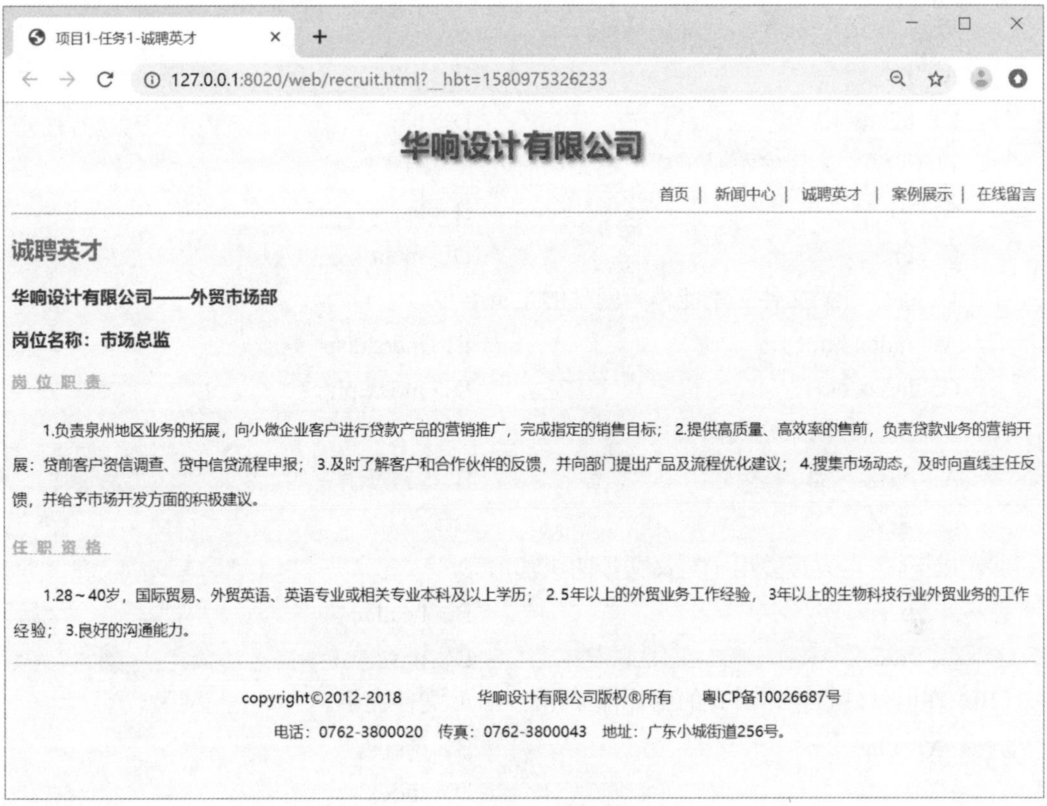

图 1-43 浏览效果

# 思考与练习

## 一、选择题

1. 以下标签中（　　）的内容会显示在浏览器的内容区域中。
   A．title　　B．head
   C．style　　D．body
2. 以下（　　）标签是用来换行的。
   A．br　　B．hr
   C．tr　　D．title
3. 以下（　　）标签不能放在 head 标签内。
   A．html　　B．title
   C．style　　D．meta
4. 以下（　　）标签是用来定义水平分隔线的。
   A．br　　B．hr
   C．tr　　D．nr

5．以下（　　）标签不是标题标签。

A．hr　　B．h1

C．h2　　D．h3

6．以下（　　）标签不是单标记标签，有开始与结束标记。

A．h1　　B．hr

C．br　　D．meta

7．以下（　　）文件名不能作为网站的主页名称。

A．index.html　　B．index.asp

C．index.css　　D．index.php

8．footer 标签用来定义网页的（　　）信息。

A．头部　　B．导航

C．主体　　D．版权

9．以下（　　）标签用于定义文档的头部信息。

A．head　　B．header

C．title　　D．nav

10．在网站站点中，所有的图片都放在（　　）文件夹中。

A．img　　B．css

C．js　　D．index

11．text-shadow 属性是用来设置（　　）的。

A．文本行高　　B．文本大小

C．文本阴影　　D．文本转换

12．文本字间距由以下（　　）属性来进行设置。

A．word-spacing　　B．line-height

C．letter-spacing　　D．text-transform

13．要想设置段落中文本的行高为 2 倍行距，可以用以下选项中的（　　）。

A．color:red;　　B．text-align:2em;

C．line-height:2em;　　D．letter-spacing:2em;

14．在 CSS 语言中，下列选项中的（　　）可以用来设置下划线的样式。

A．text-decoration:underline;　　B．text-indent:2em;

C．text-decoration:none;　　D．text-align:left;

15．下列选项中（　　）是 CSS 正确的语法构成。

A．body:color=black　　B．{body color:black;}

C．body {color:black;}　　D．{body:color=black(body)}

16．在 CSS 语言中，下列选项中的（　　）是文本对齐的属性。

A．text-decoration　　B．text-indent

C．text-transform　　D．text-align

17．下列选项中（　）是首行缩进两个字符的样式设置代码。

A．text-decoration:2em　　B．text-indent:2em

C．text-align:2em　　D．font-variant:5em

18．若要使一个网站的风格统一并且便于更新，在使用 CSS 文件时最好使用（　）。

A．内嵌样式　　B．链接样式

C．行内样式　　D．索引样式

19．指定单词之间的额外间隙的属性是（　）。

A．word-spacing　　B．letter-spacing

C．text-shadow　　D．line-height

20．指定字符之间的额外间隙的属性是（　）。

A．word-spacing　　B．letter-spacing

C．text-shadow　　D．line-height

## 二、填空题

HTML 的全称为 Hypertext Marked Language，即________，是构成________文档的主要语言，主要用来控制网页的________。

## 三、判断题

（　）1．<head>标签内容为浏览器和浏览者提供了不可缺少的文档信息，网页标题名称信息在 title 标签中定义。

（　）2．在 HTML 中，几乎所有的标签都是成对出现的，而结束标签总是在开始前增加一个“/”。

（　）3．在网页的源文件中，HTML 标签区分大小写。

（　）4．HTML 有许多单标签和双标签，在开始标签内可以包含一些属性，各属性之间无先后顺序，属性也可以省略（即取默认值）。

（　）5．内嵌样式是嵌入到 HTML 文件的<head>标签中，用<style>标签说明所要定义的样式，用<style>标签的 type 属性来进行 CSS 语法定义，适用于指定当前网页中元素的样式。

（　）6．链接外部样式就是将多个页面所公用的 CSS 单独保存为一个后缀为.css 的文件，在 HTML 页面中的 head 部分调用这个 CSS 文件。

## 四、操作题

在教学平台上的配套资源栏目中下载任务 1 文件夹中的 train1.html 文件，利用本次任务所学知识对文件中的对象进行样式修饰，注意 CSS 添加方法的灵活运用，完成后的效果如图 1-44 所示，也可利用文本属性多添加一些不同的文本效果。

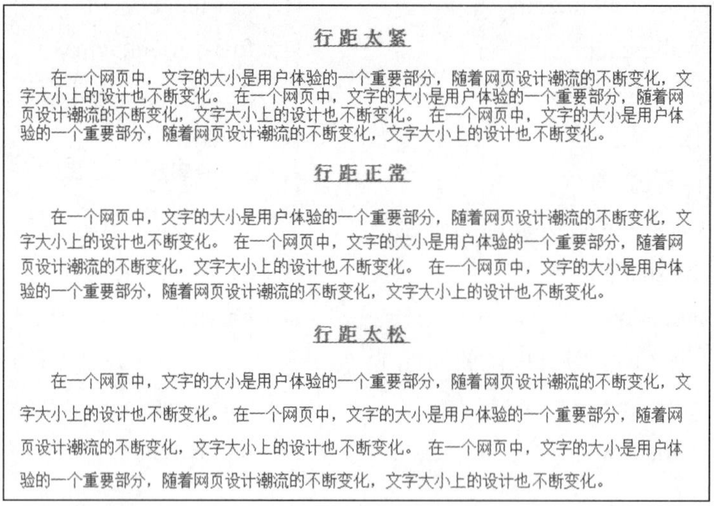

行距太紧

在一个网页中，文字的大小是用户体验的一个重要部分，随着网页设计潮流的不断变化，文字大小上的设计也不断变化。 在一个网页中，文字的大小是用户体验的一个重要部分，随着网页设计潮流的不断变化，文字大小上的设计也不断变化。 在一个网页中，文字的大小是用户体验的一个重要部分，随着网页设计潮流的不断变化，文字大小上的设计也不断变化。

行距正常

在一个网页中，文字的大小是用户体验的一个重要部分，随着网页设计潮流的不断变化，文字大小上的设计也不断变化。 在一个网页中，文字的大小是用户体验的一个重要部分，随着网页设计潮流的不断变化，文字大小上的设计也不断变化。 在一个网页中，文字的大小是用户体验的一个重要部分，随着网页设计潮流的不断变化，文字大小上的设计也不断变化。

行距太松

在一个网页中，文字的大小是用户体验的一个重要部分，随着网页设计潮流的不断变化，文字大小上的设计也不断变化。 在一个网页中，文字的大小是用户体验的一个重要部分，随着网页设计潮流的不断变化，文字大小上的设计也不断变化。 在一个网页中，文字的大小是用户体验的一个重要部分，随着网页设计潮流的不断变化，文字大小上的设计也不断变化。

图 1-44　样式修饰效果

# 项目 2　建立列表多媒体类网页

## 项目导读

为了使网页内容更为整齐，网页信息常常以列表的形式呈现，所以列表是网站中非常常见的元素，可以出现在网站所有类型的网页中，如首页、二级页、三级页等。列表分为有序列表和无序列表、定义列表，有序列表以数字编号或字母等为列表序号，无序列表以各类符号为列表符号。网页中的多媒体表现为多种不同的格式，它可以是听到或看到的任何内容，如文字、图片、音乐、音效、录音、电影、动画等，多媒体元素是网页中比较常见的对象。本项目完成公司“新闻中心”和“媒体播放”两个网页的制作，分为页面内容构建和页面样式修饰两个子任务，主要介绍列表媒体相关标签、CSS 基础选择器和列表属性。

## 任务 1　页面内容构建

### 任务目标

知识目标

- 掌握列表图文页的常用标签：<ul>、<ol>、<li>、<dl>、<dt>、<dd>、<span>。
- 掌握多媒体资源插入的常用标签：<img>、<embed>、<video>、<audio>、<source>。

能力目标

- 能进行列表图文页的制作。
- 能在网页中插入各类媒体元素。

### 任务效果

利用列表及媒体类相关标签完成“新闻中心”和“媒体播放”页面的内容构建，效果如图 2-1 和图 2-2 所示。

图 2-1 “新闻中心”页面浏览效果

图 2-2 “媒体播放”页面浏览效果

## 相关知识

### 一、列表标签

列表标签

1．无序列表：<ul><li>

<ul>标签与<li>标签组合用来定义无序列表，也是 div+css 页面布局中最常用的模块制作标签。

语法：

```
<ul  type="类型值">
  <li>第一项</li>
  <li>第二项</li>
</ul>
```

<ul></ul>标签用于定义无序列表的开始与结束，<li></li>标签嵌套在<ul></ul>标签中，用于描述具体的列表项，每对<ul></ul>中至少应包含一对<li></li>，不允许在<ul></ul>中输入文字，其中 type 属性可设置列表符号的类型：disc（实心圆点）、square（方块）、circle（空心圆点），li 也可以单独加这个属性。

【Example2-1.html】

```
<!DOCTYPE html>
<html>
    <head>
        <meta charset="UTF-8">
        <title>无序列表</title>
    </head>
    <body>
        <ul type="square">
            <li type="disc">星期一</li>
            <li type="circle">星期二</li>
            <li>星期三</li>
            <li>星期四</li>
        </ul>
    </body>
</html>
```

本例中用不同的 type 属性定义了 3 类不同的列表符号，这些属性在这里只进行简单介绍，在后续的学习过程中可以用 CSS 来定义，不建议用这种方法来定义，浏览效果如图 2-3 所示。

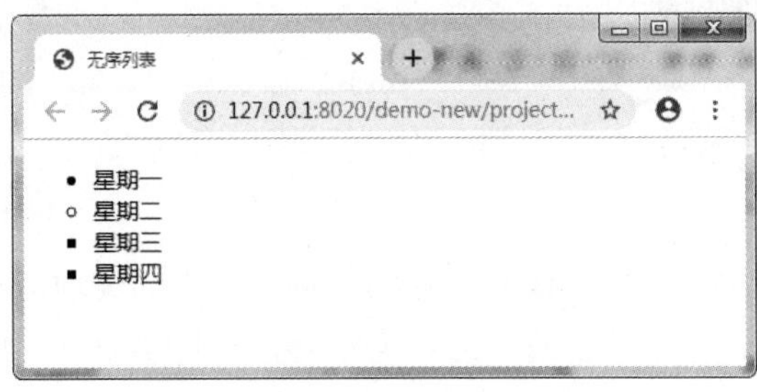


图 2-3　无序列表

### 2. 有序列表：<ol><li>

<ol>标签定义有序列表，也要与<li>组合应用。

语法：

```
<ol   type="类型值" start="起点">
    <li>第一项</li>
    <li>第二项</li>
</ol>
```

type 属性可设置列表类型为 1、A、a、I、i，即分别为数字（type=1）、大写英文字母（type=A）、小写英文字母（type=a）、大写罗马字母（type=I）、小写罗马字母（type=i）。start 属性规定有序列表的起始值，值为数字。

【Example2-2.html】

```
<!DOCTYPE html>
<html>
    <head>
        <meta charset="UTF-8">
        <title>有序列表</title>
    </head>
    <body>
        <ol type="1"start="9">
            <li>板鞋</li>
            <li>篮球鞋</li>
            <li>跑步鞋</li>
            <li>足球鞋</li>
        </ol>
    </body>
</html>
```

本例中用 type 属性定义了序号类型为数字，列表编号从 9 开始，浏览效果如图 2-4 所示。

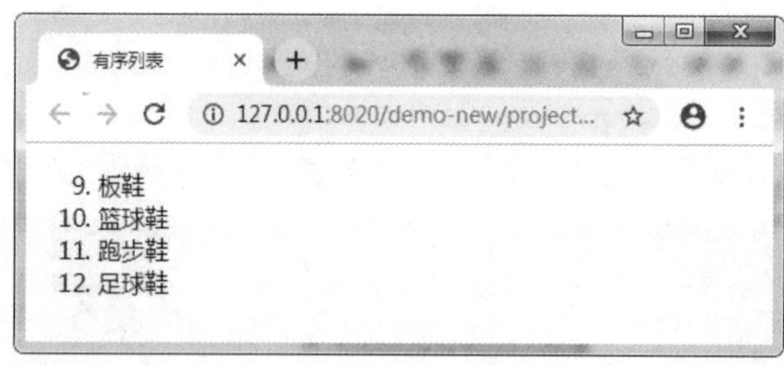


图 2-4　有序列表

### 3. 定义列表：<dl><dt><dd>

定义列表标签，定义列表以<dl>标签开始。每个定义列表项以<dt>开始。每个定义列表项的定义以<dd>开始，它是项目及其注释的组合，无标签属性，所以没有列表符号和编号，适合于网页中词语及注释的应用。

语法：

```
<dl>
    <dt>列表项 1</dt><dd>列表项 1 定义</dd>
    <dt>列表项 2</dt><dd>列表项 2 定义</dd>
</dl>
```

**注意**：定义列表与有序列表和无序列表的区别在于其没有列表项前的编号和符号，但也有列表项缩进的结构，一个<dl>标签中可以出现多对<dt>和<dd>的组合，以便在样式设置时容易进行统一的风格设置。

【Example2-3.html】

```
<!DOCTYPE html>
<html>
    <head>
        <meta charset="UTF-8">
        <title>定义列表</title>
    </head>
    <body>
        <dl>
            <dt>古筝名曲</dt>   <!--定义术语名词-->
            <dd>渔舟唱晚</dd><!--以下都是解释和描述名词-->
            <dd>浏阳河</dd>
            <dd>小小竹排</dd>
        </dl>
    </body>
</html>
```

本例中定义了一个定义列表，以<dl></dl>开始和结束，其中<dt></dt>标签内为名词，其后跟着的 3 个<dd></dd>都是对名词的解释与描述，浏览效果如图 2-5 所示。

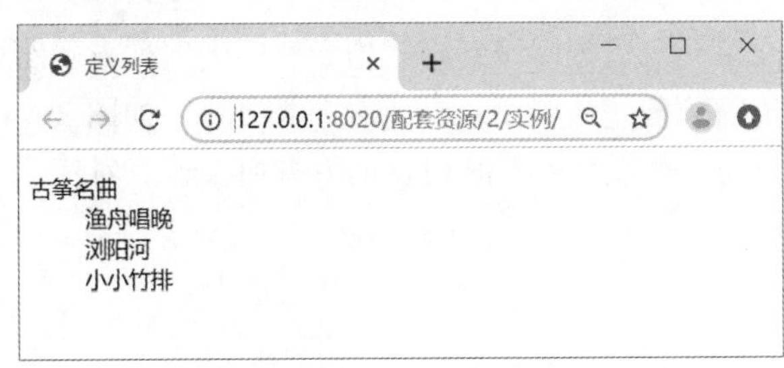


图 2-5　定义列表

列表标签实例解析

4. 列表嵌套

列表嵌套能将制作的网页页面分割为多个层次，效果如图书的目录，让人觉得有很强的层次感。有序列表和无序列表不仅能自身嵌套，而且能互相嵌套。用法是将一个列表嵌入到另一个列表中，作为另一个列表的列表项的一部分。

【Example2-4.html】

```
<!DOCTYPE html>
<html>
```

```
    <head>
        <meta charset="UTF-8">
        <title>列表嵌套</title>
    </head>
    <body>
        <h1>一周安排</h1>
        <ul>
            <li>星期一
                <ol>
                    <li>上午</li>
                    <li>下午</li>
                    <li>晚上</li>
                </ol>
            </li>
            <li>星期二
                <ol>
                    <li>上午</li>
                    <li>下午</li>
                    <li>晚上</li>
                </ol>
            </li>
            <li>星期三
                <ol>
                    <li>上午</li>
                    <li>下午</li>
                    <li>晚上</li>
                </ol>
            </li>
        </ul>
    </body>
</html>
```

在本例中首先定义了一个包含周一到周三列表项的无序列表，然后在每个列表项中嵌套了一个 3 个时段的有序列表，构成了一个二级分类列表，如图 2-6 所示。如果想建立更多层次的嵌套列表，只需要在嵌套列表的列表项中再加入一个列表。

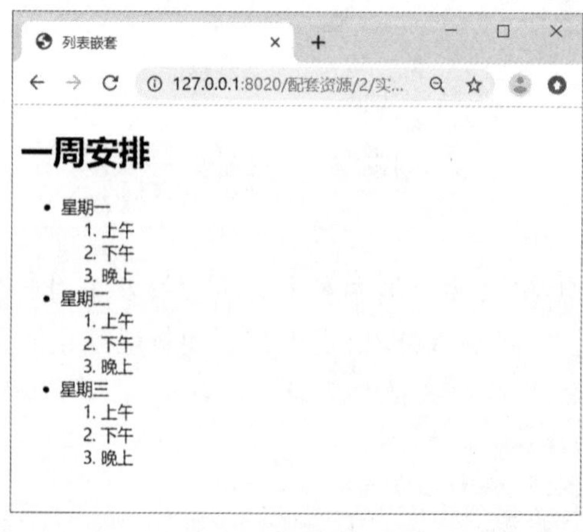


图 2-6　列表嵌套

5. <span>标签

<span>标签被用来组合文档中的行内元素，它没有固定的格式表现，当对它应用样式时它才会产生视觉上的变化。

【Example2-5.html】

```
<!DOCTYPE html>
<html>
    <head>
        <meta charset="UTF-8">
        <title>span 标签</title>
    </head>
    <body>
        <p>文本文本文本<span>这些是被挑选出来的文本</span>文本文本文本</p>
    </body>
</html>
```

在本例中运用<span>标签分隔了部分文本，在没有进行样式设置之前效果如图 2-7 所示。

文本文本文本这些是被挑选出来的文本文本文本文本

图 2-7　原来效果

设置 CSS 样式之后效果如图 2-8 所示。

文本文本文本**这些是被挑选出来的文本**文本文本文本

图 2-8　设置样式后的效果

## 二、媒体标签

认识媒体标签

多媒体表现为多种不同的格式，可以是我们听到或看到的任何内容，如文字、图片、音乐、音效、录音、电影、动画等。在网络上，我们经常会发现嵌入网页中的多媒体元素，现代浏览器已支持多种多媒体格式，不同的浏览器以不同的方式处理对音效、动画和视频的支持。某些元素能够以内联的方式处理，而某些则需要额外的插件。多媒体元素拥有带有不同扩展名的文件格式，如.swf、.wmv、.mp3、.mp4。

1. 图像标签：<img>

在网页中插入图片用单标签<img>，当浏览器读取到<img>标签时就会显示此标签所设定的图像。

语法：<img src="图像文件的地址" alt="图像说明" width="值" height="值" />

例：<img src="img/photo.jpg" alt="奥运福娃">

（1）图像源文件属性 src。

此参数用来设置图像文件所在的路径，这一路径可以是绝对路径，也可以是相对路径。绝对路径就是主页上的文件或目录在硬盘上的真正路径。使用绝对路径定位链接目标文件

比较清晰，但是有两个缺点：一是需要输入更多的内容；二是如果该文件被移动了，就需要重新设置所有的相关链接。相对路径，顾名思义就是自己相对于目标位置，如果是上一级目录中的文件，在目录名和文件名之前加入“../”；如果是上两级目录中的文件，则需要加入两个“../”，如表 2-1 所示。

表 2-1　相对路径示例

| 相对路径名 | 含义 |
|---|---|
| src="photo.jpg" | photo.jpg 是本地当前路径下的文件 |
| src="img/photo.jpg" | photo.jpg 是本地当前路径下名称为 img 子目录下的文件 |
| src="../photo.jpg" | photo.jpg 是本地当前目录的上一级子目录下的文件 |
| src="../../photo.jpg" | photo.jpg 是本地当前目录的上两级子目录下的文件 |

（2）图像说明属性 alt。当图像没有装载到浏览器上时，此参数可以使页面显示添加的提示文字，而下载图像之后，当鼠标停留在图像上方时也会显示出提示文字。

（3）图像高度属性 height。此参数用来设置图像显示的高度，默认情况下，改变高度的同时，其宽度也会等比例进行调整，图像的高度单位是像素。

（4）图像宽度属性 width。图像的宽度单位是像素。如果在使用属性的过程中，只设置了高度或宽度，则另外一个参数会等比例变化。如果同时设置两个属性，且缩放比例不同，图像很可能会变形。所以一般来说可以只设置其中一个属性，不必同时设置两个属性，可以用 CSS 代替定义。

（5）图像边框属性 border。此参数用来设置图像边框的宽度，默认情况下，图像没有边框。边框的单位是像素，颜色为黑色。不建议使用此属性，可用 CSS 设置丰富的边框样式。

（6）图像垂直与水平边距属性 vspace/hspace。图像与文字之间的距离是可以调整的，vspace 属性用来调整图像和文字之间的上下距离，hspace 属性用来调整图像和文字之间的水平距离。这样可以有效地避免网页上的文字和图像过于拥挤。这两个属性的其单位默认为像素，也不建议使用它们，可用 CSS 样式进行定义。

【Example2-6.html】

```
<!DOCTYPE html>
<html>
    <head>
        <meta charset="UTF-8">
        <title>图像标签</title>
    </head>
    <body>
        <img src="img/value.jpg" alt="核心价值观" border="2" width="400"/>
    </body>
</html>
```

本例在网页中插入了当前目录下 img 文件夹中的 value.jpg 文件，并运用 alt 属性对图像进行了说明，设置了图像边框为 2 像素的黑色实线，宽度为 400 像素，高度会随着宽度进行等比例缩放，浏览效果如图 2-9 所示。

图 2-9　插入图片

【Example2-7.html】

```
<!DOCTYPE html>
<html>
    <head>
        <meta charset="UTF-8">
        <title>图像标签</title>
    </head>
    <body>
        <img src="img/wish.jpg" alt="福" width="200" vspace="10" hspace="10"/>
        <img src="img/wish.jpg" alt="福" width="200" vspace="10" hspace="10"/>
    </body>
</html>
```

在本例中设置了图像的水平和垂直边距为 10 像素，这样会在图像的上下左右都留出 10 像素的空间，效果如图 2-10 所示。

图 2-10　设置图像的水平与垂直边距

需要注意的是，<img>标签只有两个必要的属性：src 和 alt，其余的属性都不建议在 HTML5 中使用，可用 CSS 样式替代，并且在网页中只要是装饰性的图像都不建议用<img>标签插入，可以通过 CSS 设置背景图片来实现。

媒体标签实例解析

2．视频标签：<video>

运用 HTML5 的<video>标签可以在网页中嵌入视频文件，video 元素支持 3 种视频格式：Ogg、MPEG4、WebM。

语法：<video src="视频文件路径" controls="controls"></video>

常用属性如表 2-2 所示。

表 2-2 <video>标签常用属性

| 属性 | 值 | 描述 |
|---|---|---|
| autoplay | autoplay | 如果出现该属性，则视频在就绪后马上播放 |
| controls | controls | 如果出现该属性，则向用户显示控件，如“播放”按钮 |
| height | pixels | 设置视频播放器的高度 |
| loop | loop | 如果出现该属性，则当视频文件完成播放后再次开始播放 |
| preload | preload | 如果出现该属性，则视频在页面加载时进行加载并预备播放。如果使用 "autoplay"，则忽略该属性 |
| src | url | 要播放视频的 URL |
| width | pixels | 设置视频播放器的宽度 |

【Example2-8.html】

```
<!DOCTYPE html>
<html>
    <head>
        <meta charset="UTF-8">
        <title>video 标签</title>
    </head>
    <body>
        <video src="img/bgmusic.mp4" controls="controls" width="400"></video>
    </body>
</html>
```

本例在网页中插入了一个 mp4 格式的视频，controls 属性设置浏览时会显示视频播放器控件，视频显示宽度为 400 像素，效果如图 2-11 所示。

图 2-11 插入视频

3. <source>标签

虽然 HTML5 支持 Ogg、MPEG4、WebM 视频格式，但各类浏览器对这几种格式并不完全支持，如 IE9 浏览器只支持 MPEG4 格式，Firefox4.0 不支持 MPEG4 格式，Chrome 浏览器支持所有的视频格式，所以如果想使插入的视频能在 IE9 和 Firefox4.0 中正常播放，就可以运用<source>标签为 video 元素提供多个备用文件。source 元素可以链接不同的视频文件和音频文件，浏览器将使用第一个可识别的格式。

【Example2-9.html】

```
<!DOCTYPE html>
<html>
    <head>
        <meta charset="UTF-8">
        <title>source 标签</title>
    </head>
    <body>
        <video width="320" height="240" controls="controls">
        <source src="img/movie.ogg" type="video/ogg">
        <source src="img/movie.mp4" type="video/mp4">
            你的浏览器不支持 video 标签
        </video>
    </body>
</html>
```

本例中运用 source 指定了两种格式的视频文件，浏览器根据格式进行识别，如果浏览器不支持<video>标签，则会显示 video 中的文字信息，如图 2-12 所示。

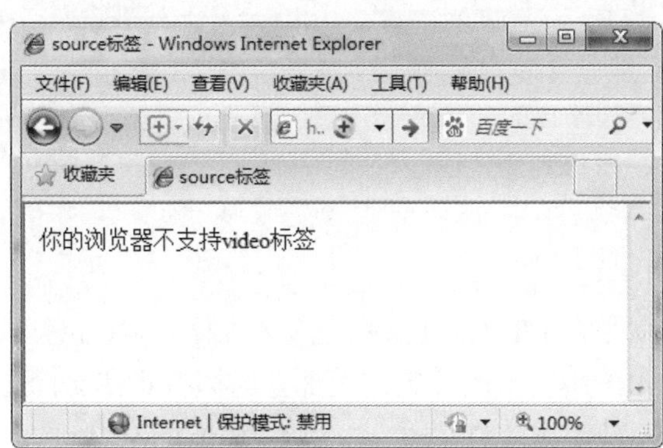


图 2-12 IE9 不支持 video 标签时显示的文字信息

4. 音频标签：<audio>

运用 HTML5 的<audio>标签可以在网页中嵌入音频文件，audio 元素支持 3 种音频格式。

语法：<audio src="音频文件路径" controls="controls"></audio>

controls 属性供添加播放、暂停和音量控件，<audio>与</audio>之间插入的内容可在不支持 audio 元素的浏览器中显示。

常用属性如表 2-3 所示。

表 2-3　<audio>标签常用属性

| 属性 | 值 | 描述 |
| --- | --- | --- |
| autoplay | autoplay | 如果出现该属性，则音频在就绪后马上播放 |
| controls | controls | 如果出现该属性，则向用户显示控件，如“播放”按钮 |
| loop | loop | 如果出现该属性，则每当音频结束时重新开始播放 |
| preload | preload | 如果出现该属性，则音频在页面加载时进行加载并预备播放。如果使用"autoplay"，则忽略该属性 |
| src | url | 要播放音频的 URL |

【Example2-10.html】

```
<!DOCTYPE html>
<html>
    <head>
        <meta charset="UTF-8">
        <title>audio 标签</title>
    </head>
    <body>
        <audio src="img/bgmusic.mp3" controls="controls"></audio>
    </body>
</html>
```

本例在网页中插入了一个 mp3 格式的音频，controls 属性设置浏览时会显示音频播放控件，效果如图 2-13 所示。

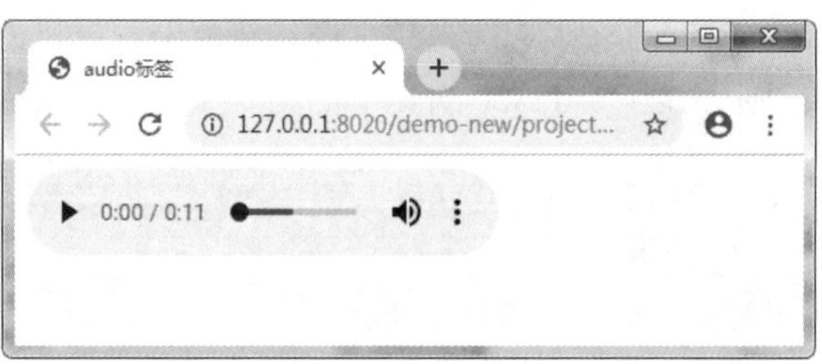


图 2-13　插入音频

5．<embed>标签

<embed>标签的作用是在 HTML 页面中嵌入多媒体元素，包括视频、音频、Flash 动画都可以实现，它是 HTML5 中新增的标签，大部分的浏览器都支持此标签。

语法：<embed src="媒体文件的地址" width="值" height="值" ></embed>

常用属性如表 2-4 所示。

表 2-4　<embed>标签常用属性

| 属性 | 值 | 描述 |
| --- | --- | --- |
| height | pixels | 设置嵌入内容的高度 |
| src | url | 嵌入内容的 URL |
| type | type | 定义嵌入内容的类型 |
| width | pixels | 设置嵌入内容的宽度 |

【Example2-11.html】

```
<!DOCTYPE html>
<html>
    <head>
        <meta charset="UTF-8">
        <title>embed 标签</title>
    </head>
    <body>
        <embed src="img/merry.swf" width="400"></embed>
    </body>
</html>
```

本例在网页中插入了一个 swf 格式的文件，width 属性设置浏览时显示视频的宽度，效果如图 2-14 所示。

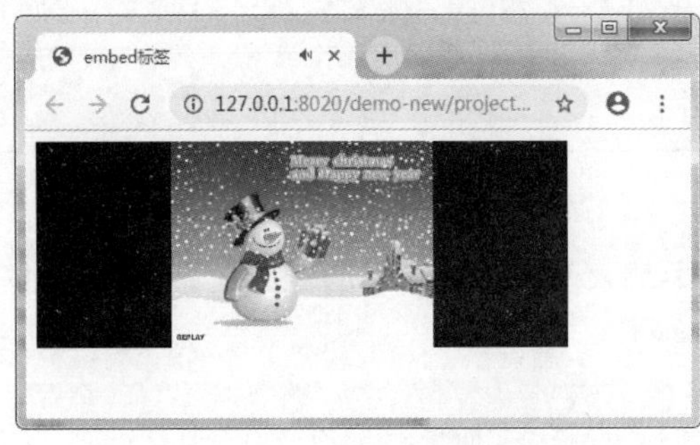


图 2-14　插入 Flash 动画

内容构建

## 实现步骤

（1）右击 web 项目，在弹出的快捷菜单中选择“新建”→“HTML 文件”命令，弹出“创建文件向导”窗口，新建名为 news.html 的文件，如图 2-15 所示。

图 2-15　新建 news.html 文件

（2）双击打开 recruit.html 文件，复制<header></header>标签和<footer></footer>标签中的源码，如图 2-16 所示。

```
<!DOCTYPE html>
<html>
    <head>
        <meta charset="UTF-8">
        <title>项目1-任务2</title>
    </head>
    <body>
        <header>
            <h1>华响设计有限公司</h1>
            <nav>首页 | 新闻中心 | 诚聘英才 | 案例展示 | 在线留言</nav>
            <hr/>
        </header>

        <footer>
            <hr/>
            <p>
                copyright&copy;2012-2018        华响设计有限公司版权&reg;所有    粤ICP备10026687号<br/>
            电话：0762-3800020 传真：0762-3800043 地址：广东河源市小城街道256号。
            </p>
        </footer>
    </body>
</html>
```

图 2-16　复制头尾源码

（3）在<main>标签中加入两个列表内容的源码，具体代码如下：

```
<h4>公司新闻</h4>
<ul>
    <li>诚邀全国家装合伙人<span>[2018.9.29]</span> </li>
    <li>兴奇整装年中家装，5 折大狂欢 <span>[2018.7.12]</span> </li>
    <li>吉祥木门与公司合作实现双赢 <span>[2018.6.23]</span> </li>
    <li>校企合作，共享发展<span> [2018.5.13]</span> </li>
</ul>
<h4>技术专栏</h4>
<ol>
    <li>办公空间设计怎样能有艺术感 <span>[2019.9.23]</span> </li>
    <li>家居行业未来发展趋势初探（家居建材篇）<span> [2019.8.24]</span> </li>
    <li>精装房时代来临 家居品牌全能化 <span>[2019.6.12]</span> </li>
    <li>注意家装消费四大陷阱<span> [2019.7.15]</span> </li>
</ol>
```

（4）在<main>标签中加入图片和视频源码，具体代码如下：

```
<h4>最新案例</h4>
<p>
    <img src="img/case1.jpg" alt="案例 1"/>
    <img src="img/case2.jpg" alt="案例 2"/>
    <img src="img/case3.jpg" alt="案例 3"/>
    <img src="img/case4.jpg" alt="案例 4"/>
</p>
<h4 >视频新闻</h4>
<p>
    <video src="media/greentravel.mp4" width="300"></video>
    <video src="media/form.mp4" width="300"></video>
    <video src="media/html.mp4" width="300"></video>
</p>
```

（5）保存后浏览效果，如图 2-17 所示。

图 2-17 news.html 页面浏览效果

（6）将 news.html 文件另存为 news_media.html 文件，删除<main>标签中的源码，再在<main>标签中加入标题和视频源码，如图 2-18 所示。

```
<!DOCTYPE html>
<html>
    <head>
        <meta charset="UTF-8">
        <title>项目1-任务2</title>
    </head>
    <body>
        <header>
            <h1>华响设计有限公司</h1>
            <nav>首页 | 新闻中心 | 诚聘英才 | 案例展示 | 在线留言</nav>
            <hr/>
        </header>
        <main>
            <h3>绿色出行</h3>
            <p>
                <video src="media/greentravel.mp4" controls="controls"  width="600"></video>
            </p>
        </main>
        <footer>
            <hr/>
            <p>
                copyright&copy;2012-2018        华响设计有限公司版权&reg;所有    粤ICP备10026687号<br/>
              电话：0762-3800020 传真：0762-3800043 地址：广东河源市小城街道256号。
            </p>
        </footer>
    </body>
</html>
```

图 2-18 加入视频标题和视频源码

（7）保存后浏览效果，如图 2-19 所示。

图 2-19　news_media.html 页面浏览效果

## 任务 2　页面样式修饰

### 任务目标

知识目标

- 掌握 CSS 基础选择器的类型及各自的定义语法规则。
- 掌握 CSS 基础选择器的权重设置。
- 掌握 CSS 中列表的属性及属性值的含义。

能力目标

- 能对各类 CSS 基础选择器的功能进行区分并灵活应用。
- 能计算 CSS 基础选择器的权重。
- 能对列表进行样式设置。

### 任务效果

利用不同类型的基础选择器完成“新闻中心”页面的样式设置，效果如图 2-20 所示。

图 2-20　页面修饰效果图

基础选择器
实例解析

## 相关知识

### 一、基础选择器

要想将 CSS 样式应用于特定的 HTML 元素，首先需要找到这个目标元素。在 CSS 中，执行这一任务的样式规则部分被称为选择器（选择符）。样式表利用 CSS 的各种分类属性对网页元素进行样式设置，需要通过选择器对网页对象进行明确选取，在前面我们只是利用了各类元素的标签进行了对象选择。CSS 的选择器有很多类型，如标签选择器、类选择器、ID 选择器、包含选择器、标签指定选择器、分组选择器等，这些选择器是我们在 CSS2 中经常运用的类型，利用它们可以对网页元素进行非常灵活的选取。

1. 标签选择器

标签选择器又称类型选择器，HTML 中的所有标签都可以作为标签选择器。

语法：标签名{属性 1:属性值 1;属性 2:属性值 2;…}

示例如图 2-21 所示。

```
<!DOCTYPE html>
<html>
    <head>
        <meta charset="UTF-8">
        <title>基础选择器-实例解析</title>
        <style type="text/css">
            h1{color:red;text-align: center;}/*1.标签选择器*/
        </style>
    </head>
    <body>
        <h1>选择器的分类</h1>
    </body>
</html>
```

图 2-21　标签选择器

标签选择器定义的样式会影响整个页面中所有目标元素的显示，若想改变某个元素的默认样式，则可使用标签选择器，当统一文档某个元素的显示效果时即可使用标签选择器。

2. 类选择器

类选择器又称 class 选择器，它能够把相同的元素分类定义成不同的样式。定义类选择器时在对象标签的开始标签中用 class 属性定义一个名称，定义时在自定义类的前面加一个点号“.”。

语法：.类名{属性 1:属性值 1;属性 2:属性值 2;...}

示例如图 2-22 所示。

```
<!DOCTYPE html>
<html>
    <head>
        <meta charset="UTF-8">
        <title>基础选择器-实例解析</title>
        <style type="text/css">
            h1{color:red;text-align: center;}/*1.标签选择器*/
            .title{color:green;}/*2.类选择器，又称class选择器*/
        </style>
    </head>
    <body>
        <h1>选择器的分类</h1>
        <h2 class="title">选择器各类列表</h2>
    </body>
</html>
```

图 2-22　类选择器

class 可以把具有相同样式的元素统一为一类，只有应用了该 class 名称的元素才会受到影响。不要对每个元素都应用一个 class，那样会产生代码冗余。命名时应规范、通俗易懂，可以是类别的英文简写，如 redtext 代表红色文本。

3. ID 选择器

在 HTML 页面中，ID 参数指定了某个单一元素，ID 选择器用来对这个单一元素定义单独的样式。在对象标签的开始标签中用 id 属性定义一个名称，定义时在自定义类的前面加一个井号“#”。

语法：#ID 名{属性 1:属性值 1;属性 2:属性值 2;...}

【Example2-12.html】

```
<!DOCTYPE html>
<html>
    <head>
        <meta charset="UTF-8">
        <title>基础选择器-实例解析</title>
        <style type="text/css">
            h1{color:red;text-align: center;}     /*1.标签选择器*/
            .title{color:green;}                  /*2.类选择器，又称 class 选择器*/
            #content{color:blue;}                 /*3.ID 选择器*/
        </style>
    </head>
```

```
	<body>
		<h1>选择器的分类</h1>
		<h2 class="title">选择器各类列表</h2>
		<p id="content">
			要想将 CSS 样式应用于特定的 HTML 元素，首先需要找到这个目标元素。
			在 CSS 中，执行这一任务的样式规则部分被称为选择器（选择符）。
		</p>
	</body>
</html>
```

只有应用了该 ID 名称的元素才会受到影响，用来构建整体框架的元素对象应定义 ID 属性，在符合 Web 标准的设计中每个 ID 名称只能使用一次。

实例 Example2-12.html 中，运用 3 类基础选择器对网页中的对象进行了样式定义，其中标题 1 运用标签选择器将文字设置成了红色并居中对齐；标题 2 设置 class 名为 title，运用类选择器将文字设置成绿色；p 段落设置 ID 名为 content，运用 ID 选择器设置文字颜色为蓝色，浏览效果如图 2-23 所示。

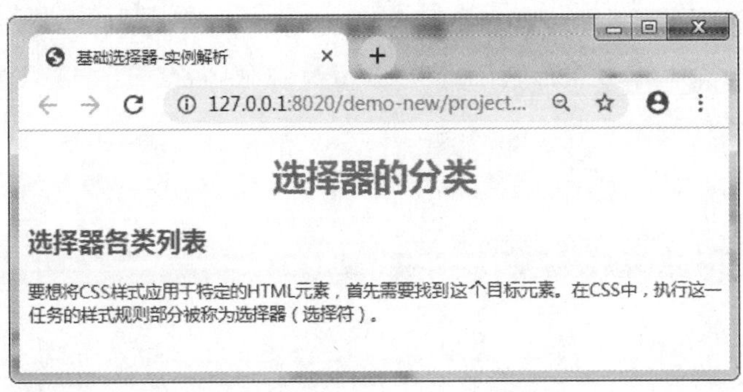


图 2-23　3 类基础选择器

4. 包含选择器（又称后代选择器）

包含选择器是可以单独对某种元素包含关系定义的样式表，用来选择元素的后代。其写法就是把外层标签写在前面，内层标签写在后面，中间用空格分隔，这种方式只对最内层标签进行定义，如 ul li。

【Example2-13.html】

```
<!DOCTYPE html>
<html>
	<head>
		<meta charset="UTF-8">
		<title>包含选择器</title>
		<style type="text/css">
			p span{color:red;}
			p span em{color:blue;}
		</style>
	</head>
	<body>
```

```
        <p id="content">
            要想将<span>CSS</span>样式应用于特定的 HTML 元素，首先需要找到该目标元素。
            在<span>CSS</span>中，执行这一任务的样式规则部分被称为选择器（选择符）。
        </p>
        <p id="news">
            <span>作品以“<em>靠自己的努力获得成功</em>”为主题</span>，展现了培养
            优秀品格，做最好自己的作品内涵。
        </p>
    </body>
</html>
```

在本例中 span 元素在 p 元素内部，span 元素是 p 元素的后代，我们可以运用包含选择器设置 span 的文字颜色为红色，浏览效果如图 2-24 所示。包含选择器不限于只定义两层包含元素，如果有更多层的包含关系也可以应用，只需要在元素之间加上空格即可，如本例中的 p span em。

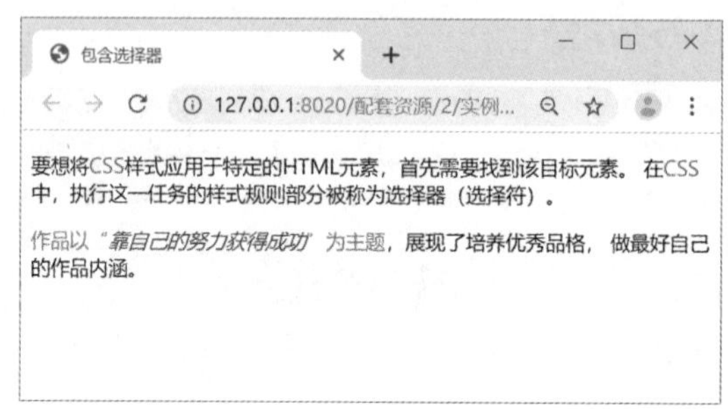


图 2-24　包含选择器

5. 标签指定选择器

标签指定选择器由两个选择器构成：第一个为标签选择器，第二个为类选择器或 ID 选择器，两个选择器之间不能有空格。两个选择器指向同一个网页元素，例如 h2.redtext，选择的是 class 名为 redtext 的 h2 元素，如果网页中存在 class 名为 redtext 的 li 元素，那么该元素是没有被选择的。

【Example2-14.html】

```
<!DOCTYPE html>
<html>
    <head>
        <meta charset="UTF-8">
        <title>标签指定选择器</title>
        <style type="text/css">
            p.news{text-decoration: underline;}
        </style>
    </head>
    <body>
        <h1 class="news">靠自己的努力获得成功</h1>
        <p class="news">
            作品以“靠自己的努力获得成功”为主题，展现了培养优秀品格，
```

```
                  做最好自己的作品内涵。
            </p>
      </body>
</html>
```

在本例中运用标签指定选择器为 class 名为 news 的 p 段落设置了下划线效果，虽然<h1>标签的 class 名也为 news，但是只选择了 class 名为 news 的<p>标签，所以 h1 标题没有加下划线，效果如图 2-25 所示。

图 2-25 标签指定选择器

6. 分组选择器

分组选择器可以把具有相同属性和值的选择器组合起来书写，并用逗号将选择器分开，这样可以减少样式的重复定义，如样式中的各样式的定义：

```
h1{color:red;}
h2{color:red;}
h3{color:red;}
```

就可以运用选择器分组实现简单的定义，可以写成：

```
h1,h2,h3{color:red;}
```

【Example2-15.html】

```
<!DOCTYPE html>
<html>
      <head>
            <meta charset="UTF-8">
            <title>分组选择器</title>
            <style type="text/css">
                  h1,p{text-decoration: underline;}
            </style>
      </head>
      <body>
            <h1 class="news">靠自己的努力获得成功</h1>
            <p class="news">
                  作品以“靠自己的努力获得成功”为主题，展现了培养优秀品格，
                  做最好自己的作品内涵。
```

```
            </p>
        </body>
</html>
```

在本例中对<h1>标签和<p>标签中的文字设置下划线就使用了分组选择器来共同设置，效果如图 2-26 所示。

图 2-26　分组选择器

## 二、选择器权重

在一个网页中，一个对象可以由多种选择器进行样式定义，然而 CSS 样式定义多了，常常出现显示效果与预期不一致的情况，所以我们要找出起作用的样式到底是哪一个。

【Example2-16.html】

```
<!DOCTYPE html>
<html>
    <head>
        <meta charset="UTF-8">
        <title>选择器权重</title>
        <style type="text/css">
            p.news span{color:red;}
            p span{color:blue;}
        </style>
    </head>
    <body>
        <h1 class="news">靠自己的努力获得成功</h1>
        <p class="news">
            作品以“靠自己的努力获得成功”为主题，展现了<span>培养优秀品格，做
            最好自己</span>的作品内涵。
        </p>
    </body>
</html>
```

在本例中 p.newsspan 和 pspan 选择器都选择了段落中的“培养优秀品格，做最好自己”文字，但是在最终效果图中该文字颜色为红色，如图 2-27 所示。

图 2-27　选择器权重

CSS 规范为不同类型的选择器定义了特殊性权重，特殊性权重越高，样式会被优先应用，其中 3 类基本选择器的权重定义如下：

- 标签选择器：权重为 1。
- 类选择器：权重为 10。
- ID 选择器：权重为 100。

计算方法：无论是什么类型的选择器，都是将选择器中的每个基本选择器进行赋值后相加。例如：

h1{color:blue}：1 个标签选择器，权重为 1。

p em{color:yellow}：2 个标签选择器，权重为 1+1=2。

.warning{color:red}：1 个类选择器，权重为 10。

#main{color:black}：1 个 ID 选择器，权重为 100。

p.note {color:grag}：1 个标签选择器和 1 个类选择器，权重为 1+10=11。

p.note em.dark{color:grag}：2 个标签选择器和 2 个类选择器，权重为 1+10+1+10=22。

在 Example2-16.html 中，p.newsspan 选择器的权重为 12，而 p span 选择器的权重为 2，所以最终设置文字颜色为 p.newsspan 选择器设置的红色，而不在乎选择器的顺序问题。

1．层叠原则

如果在一个网页中对<p>标签进行了以下定义：

```
p{color:yellow;}
p{color:red;}
```

当选择器权重一样时会采用“层叠原则”，即后定义的会被应用，所以此例中 p 的文字颜色为红色，可以理解为“谁离我近我就听谁的”。

2．特殊标记!important

如果在一个网页中非要自己说了算，无论权重值是多少，则可在属性值的后面加上!important;，那么它就最优先应用。加上!important;可将自己权重设为最高。示例如下：

```
p{color:yellow!important;}
p{color:red;}
```

这样无论先后定义，p 的文字颜色都被设置成了黄色。

3．行内样式权重

在样式表应用的 3 种常用方式中，行内样式的优先级最高。在 CSS 规则中定义行内样式的权重为 1000，所以行内样式经常用于测试网页效果。

下面通过一个综合案例来演示选择器权重的计算方法。

【Example2-17.html】

```
<!DOCTYPE html>
<html>
    <head>
        <meta charset="UTF-8"/>
        <title>选择器权重</title>
        <style type="text/css">
            .foot#test{background:blue;}
            #test{background:red;}
            p#test{background:yellow;}
            .footp{background:green;}
            div.footp{background:gray;}
        </style>
    </head>
    <body>
        <div class="foot"><p id="test">我的背景颜色到底是什么？</p></div>
    </body>
</html>
```

在本例中，所有的选择器都选择了 p 段落，p 段落最终的背景颜色为蓝色，因为选择器.foot #test 的权重值为 110，比其他选择器的权重都要高，效果如图 2-28 所示。

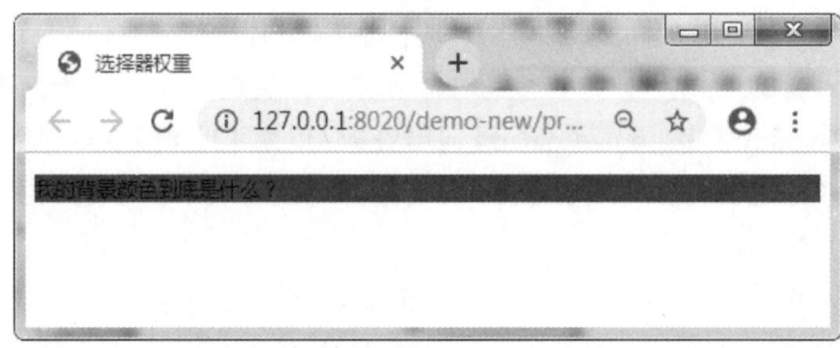


图 2-28　选择器权重综合应用

## 三、列表属性

列表属性

列表属性主要用于设置无序列表和有序列表的列表项的样式，包括符号、缩进、图像等，有以下 3 个样式属性：

- list-style-type：设置或检索对象的列表项所使用的预设标记。
- list-style-image：设置或检索作为对象的列表项标记的图像。
- list-style-position：设置确定标志出现在列表项内容之外还是内容内部。

1. list-style-type

list-style-type 属性用于设置或检索对象的列表项所使用的预设标记。

语法：list-style-type:取值

取值：

（1）disc：实心圆，默认值。

（2）circle：空心圆。

（3）square：实心方块。

（4）decimal：阿拉伯数字。

（5）lower-roman：小写罗马数字。

（6）upper-roman：大写罗马数字。

（7）lower-alpha：小写英文字母。

（8）upper-alpha：大写英文字母。

（9）none：不使用项目符号。

【Example2-18.html】

```
<!DOCTYPE html>
<html>
    <head>
        <meta charset="UTF-8">
        <title>列表属性</title>
        <style type="text/css">
            .one{list-style-type:lower-alpha;}
            .two{list-style-type:square;}
        </style>
    </head>
    <body>
        <ol class="one">
            <li>板鞋</li>
            <li>篮球鞋</li>
            <li>跑步鞋</li>
            <li>足球鞋</li>
        </ol>
        <ul class="two">
            <li>板鞋</li>
            <li>篮球鞋</li>
            <li>跑步鞋</li>
            <li>足球鞋</li>
        </ul>
    </body>
</html>
```

在本例中给 class 名为 one 的有序列表设置列表项符号为小写英文字母，给 class 名为 two 的无序列表设置列表项符号为方块，效果如图 2-29 所示。

2. list-style-image

list-style-image 属性用于设置作为列表项标记的图像。

语法：list-style-image:none|<url>

图 2-29　list-style-type 属性值效果

取值：

（1）none：不指定图像，默认内容标记将被 list-style-type 代替，默认值。

（2）url：使用绝对或相对地址指定列表项标记图像。如果图像地址无效，默认内容标记将被 list-style-type 代替。

【Example2-19.html】

```
<!DOCTYPE html>
<html>
    <head>
        <meta charset="UTF-8">
        <title>列表属性</title>
        <style type="text/css">
            .two{list-style-image: url(img/arrow.png);}
        </style>
    </head>
    <body>
        <ul class="two">
            <li>板鞋</li>
            <li>篮球鞋</li>
            <li>跑步鞋</li>
            <li>足球鞋</li>
        </ul>
    </body>
</html>
```

在本例中给 class 名为 two 的无序列表设置列表项符号为 img 文件夹中的 arrow.png 图片，效果如图 2-30 所示。

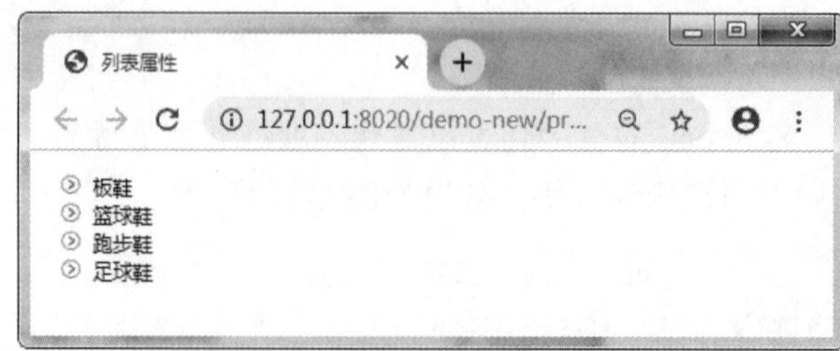


图 2-30　list-style-image 属性值效果

3. list-style-position

list-style-position 属性用于设置确定标志出现在列表项内容之外还是内容内部。

语法：list-style-position:outside|inside

取值：

（1）outside：列表项标记放置在内容以外，默认值。

（2）inside：列表项标记放置在内容内部。

【Example2-20.html】

```
<!DOCTYPE html>
<html>
    <head>
        <meta charset="UTF-8">
        <title>列表属性</title>
        <style type="text/css">
            .one{list-style-position:outside;}
            .two{list-style-position:inside;}
        </style>
    </head>
    <body>
        <ol class="one">
            <li>板鞋</li>
            <li>篮球鞋</li>
            <li>跑步鞋</li>
            <li>足球鞋</li>
        </ol>
        <ol class="two">
            <li>板鞋</li>
            <li>篮球鞋</li>
            <li>跑步鞋</li>
            <li>足球鞋</li>
        </ol>
    </body>
</html>
```

在本例中给两个有序列表分别设置了列表项的位置，列表 two 相对于列表 one 来说内容进行了缩进，表示列表项设置在了内容以内，效果如图 2-31 所示。

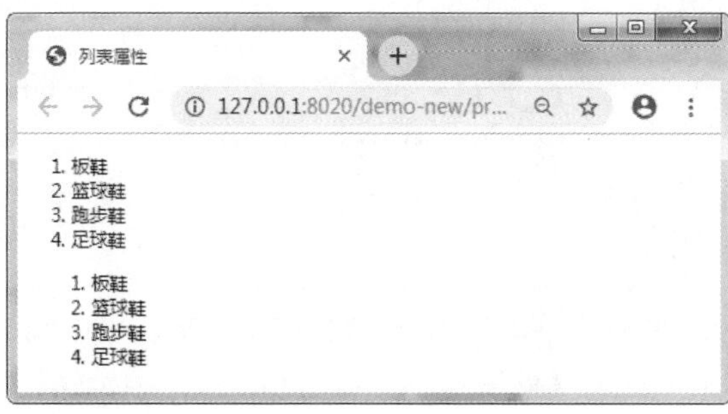


图 2-31　list-style-position 属性值效果

4. 复合属性：list-style

list-style 属性用于对列表样式进行综合设置。

语法：list-style:[list-style-type][list-style-position][list-style-image];

在以上的语法格式中，各个样式顺序任意，不需要的样式可以省略。

【Example2-21.html】

```
<!DOCTYPE html>
<html>
    <head>
        <meta charset="UTF-8">
        <title>列表属性</title>
        <style type="text/css">
            .two{list-style:url(img/arrow.png) inside;}
        </style>
    </head>
    <body>
        <ul class="two">
            <li>板鞋</li>
            <li>篮球鞋</li>
            <li>跑步鞋</li>
            <li>足球鞋</li>
        </ul>
    </body>
</html>
```

在本例中，将 list-style-image 属性和 list-style-position 属性写在了一个 list-style 综合属性中，设置了列表图片为 img 文件夹中的 arrow.jpg 文件，并将此列表项放在了内容以内的位置上，效果如图 2-32 所示。

图 2-32　list-style 属性值效果

## 实现步骤

样式设置

（1）双击 news.html 打开文件，在 web 项目的 css 文件夹中新建一个 news.css 文件，并将 news.css 文件链接到 news.html 文件中，如图 2-33 所示。

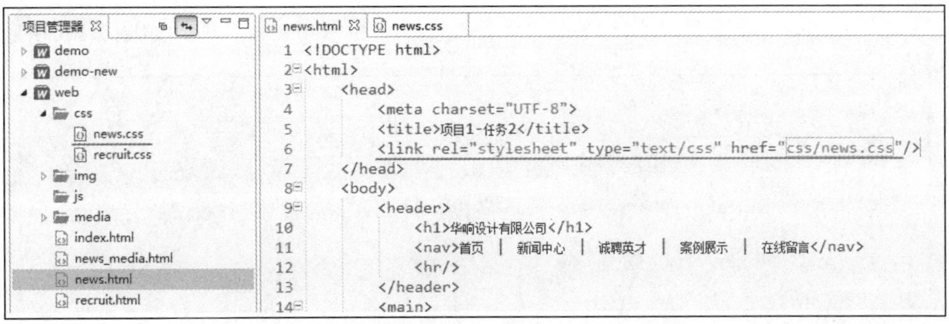

```
项目管理器
demo
demo-new
web
  css
    news.css
    recruit.css
  img
  js
  media
  index.html
  news_media.html
  news.html
  recruit.html
```

```
<!DOCTYPE html>
<html>
    <head>
        <meta charset="UTF-8">
        <title>项目1-任务2</title>
        <link rel="stylesheet" type="text/css" href="css/news.css"/>
    </head>
    <body>
        <header>
            <h1>华响设计有限公司</h1>
            <nav>首页 | 新闻中心 | 诚聘英才 | 案例展示 | 在线留言</nav>
            <hr/>
        </header>
        <main>
```

图 2-33　新建 news.css 文件

（2）打开 news.css 文件，运用标签选择器对<h2>、<nav>、<h4>标签进行样式设置，具体代码如下：

```
h1{
    color:green;
    text-align: center;
    text-shadow: 3px 3px 4px gray;
  }
nav{text-align:right;}
h4{color:green;}
```

（3）在 news.html 文件中为对象设置相应的 class 名称，如图 2-34 所示。

```
<main>
    <h4>公司新闻</h4>
    <ul class="company">
        <li>诚邀全国家装合伙人<span>[2019.9.29]</span> </li>
        <li>兴奇整装年中家装，5折大狂欢 <span>[2019.7.12]</span> </li>
        <li>吉祥木门与公司合作实现双赢 <span>[2019.6.23]</span> </li>
        <li>校企合作，共享发展<span> [2019.5.13]</span> </li>
    </ul>
    <h4>技术专栏</h4>
    <ol class="technical">
        <li>办公空间设计怎样能有艺术感 <span>[2019.9.23]</span> </li>
        <li>家居行业未来发展趋势初探（家居建材篇）<span> [2019.8.24]</span> </li>
        <li>精装房时代来临 家居品牌全能化 <span>[2019.6.12]</span> </li>
        <li>注意家装消费四大陷阱<span> [2019.7.15]</span> </li>
    </ol>
    <h4>最新案例</h4>
    <p>
        <img src="img/case1.jpg" alt="案例1"/>
        <img src="img/case2.jpg" alt="案例2"/>
        <img src="img/case3.jpg" alt="案例3"/>
        <img src="img/case4.jpg" alt="案例4"/>
    </p>
    <h4 class="video_title">视频新闻</h4>
    <p>
        <video src="media/greentravel.mp4" width="285"></video>
        <video src="media/form.mp4" width="300"></video>
        <video src="media/html.mp4" width="300"></video>
    </p>
</main>
```

图 2-34　设置 class 名称

（4）在 news.css 文件中运用类选择器对各对象进行样式设置，具体代码如下：

```
.video_title{color:orange;}
.company{color:#63f;list-style:url(../img/list_icon.gif) inside;}
.technical{color:#c3f;list-style:upper-alphainside;}
.company,.technical{line-height:2em;}
```

（5）在 news.html 文件中为对象设置相应的 id 名称和 class 名称，如图 2-35 所示。

```
<h4>公司新闻</h4>
<ul class="company">
    <li class="first">诚邀全国家装合伙人<span>[2019.9.29]</span> </li>
    <li>兴奇整装年中家装，5折大狂欢 <span>[2019.7.12]</span> </li>
    <li>吉祥木门与公司合作实现双赢 <span>[2019.6.23]</span> </li>
    <li>校企合作，共享发展<span> [2019.5.13]</span> </li>
</ul>

<footer>
    <hr/>
    <p id="foot">
        copyright&copy;2012-2018        华响设计有限公司版权&reg;所有     粤ICP备10026687号<br/>
      电话：0762-3800020  传真：0762-3800043  地址：广东河源市小城街道256号。
    </p>
</footer>
```

图 2-35　对象命名

（6）在 news.css 文件中运用其他选择器对各对象进行样式设置，具体代码如下：

```
li.first{text-decoration:underline;}      /*元素指定选择器*/
pimg{width:250px;}      /*包含选择器*/
#foot{line-height:2em;text-align: center;font-size:14px;}      /*ID 选择器*/
```

news.html 文件的最终效果如图 2-36 所示。

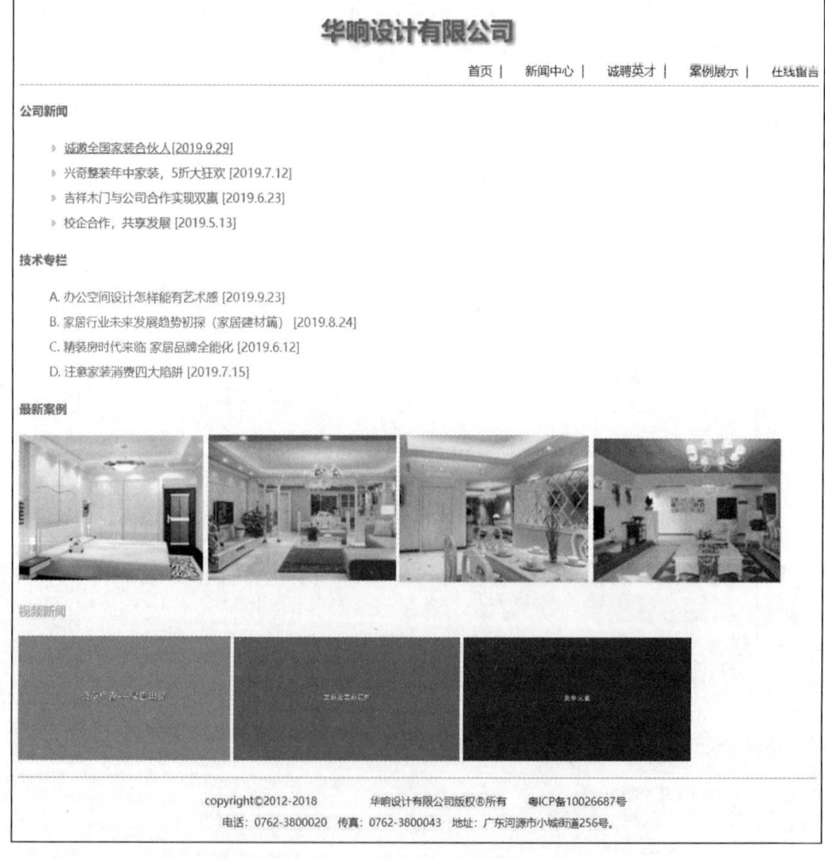


图 2-36　news.html 文件浏览效果

（7）打开 news_media.html 文件，将 news.css 文件链接到 news_media.html 文件，并在 news.css 文件中增加 h3 和 p 段落对象的居中对齐设置，具体代码如下：

```
#mediah3,#mediap{text-align: center;}        /*分组选择器*/
```

news_media.html 文件的最终效果如图 2-37 所示。

图 2-37　news_media.html 文件浏览效果

## 思考与练习

### 一、单选题

1．<ol>标签是（　　）。

A．有序列表　　B．无序列表　　C．定义列表　　D．索引列表

2．以下标签中与定义列表不相关的是（　　）。

A．dt　　B．dl　　C．dd　　D．dr

3．<img>标签的 src 属性用来设置（　　）。

A．图片路径　　B．图片说明　　C．图片宽度　　D．图片高度

4．<ul>标签的 type 属性可改变列表符号的类型，其中值 square 代表设置列表的符号为（　　）。

A．实心圆点　　B．方块　　C．空心圆点　　D．大写字母

5．ID 选择器用来对单一元素定义单独的样式，定义样式时必须在 id 名称前加一个（　　）符号。

A．#　　B．.　　C．$　　D．*

6．包含选择器（后代选择器）是可以单独对某种元素包含关系定义的样式表，如元素 1

里包含元素 2，而对单独的元素 1 或元素 2 无定义，前后两个对象之间以（　　）隔开。

A．空格　　B．#　　C．.　　D．*

7．分组选择器可以把具有相同属性和值的选择器组合起来书写，并用（　　）将选择器分开。

A．。　　B．#　　C．,　　D．空格

8．如果要对网页模块进行样式定义，最好使用（　　）。

A．标签选择器　　B．class 选择器　　C．ID 选择器　　D．包含选择器

9．以下（　　）属性用来设置列表项的符号。

A．list　　B．list-style-position

C．list-style-type　　D．list-style-image

10．CSS 规范为不同类型的选择器定义了特殊性权重，特殊性权重越高，样式会被优先应用，其中 class 选择器的权重值为（　　）。

A．10　　B．100　　C．1　　D．1000

11．以下选项中（　　）是标签选择器。

A．hr　　B．.red　　C．#foot　　D．#main

12．下列选项中（　　）是 CSS 正确的语法构成。

A．body:color=black　　B．{body color:black;}

C．body {color: black;}　　D．{body:color=black(body)}

13．如果在一个网页中非要自己说了算，无论权重值是多少，都应在该选择器属性值的后面加上（　　），那么它就最优先应用。

A．#　　B．#important　　C．important　　D．!important

14．下列（　　）是插入图片标签。

A．img　　B．embed　　C．span　　D．h4

## 二、多选题

以下选择器中，权重值为 111 的是（　　）。

A．#foot p.center　　B．.red div#news

C．ul#test .btn　　D．#menu ul li

## 三、填空题

运用 HTML5 的________标签可以在网页中嵌入音频文件，其中________属性可以指定文件的路径。

## 四、判断题

（　　）1．<span>标签被用来组合文档中的行内元素。span 没有固定的格式表现，当对其应用样式时才会产生视觉上的变化。

（　　）2．无序列表和有序列表不能嵌套使用。

（　　）3. 选择器权重相同，会采用“层叠原则”，先定义的会被应用，可以理解为“谁离我远我就听谁的”。

### 五、操作题

在教学平台上的资料栏目中下载思考与练习素材，利用本次任务所学知识对文件中的对象进行样式修饰，最终效果如图 2-38 所示。

图 2-38　样式修饰效果

# 项目 3　建立超链接

## 项目导读

超链接是 Web 页面区别于其他媒体的重要特征之一，网页浏览者只要单击网页中的超链接就可以自动跳转到超链接的目标对象，且超链接的数量是不受限制的。超链接的载体可以是文本，也可以是图片。各个网页链接在一起后才能真正构成一个网站，所以超链接是网站的灵魂。本项目完成公司“新闻详情”页面的制作，分为网页内容构建和页面样式修饰两个子任务，主要介绍如何建立不同类型的超链接，以及与链接相关的伪类选择器、字体样式、基础边框样式的设置。

## 任务 1　页面内容构建

### 任务目标

知识目标

- 熟练掌握常用标签<a>及其各种类型的语法。

能力目标

- 能用<a>标签建立不同类型的超链接。

### 任务效果

运用各类标签构建“新闻详情”页面，并在适当位置添加不同类型的超链接，效果如图 3-1 所示。

华响设计有限公司

首页 | 公司简介 | 新闻中心 | 产品展示 | 诚聘英才 | 在线留言

成都室内设计公司简述办公空间设计怎样能有艺术感

第一、办公室装修设计秩序感

在设计中的秩序,是指形的反复、形的节奏、形的完整和形的简洁。办公室设计也正是运用这一基本理论来创造一种安静、平和与整洁的环境。秩序感是办公室设计的一个基本要素。要达到办公室设计中秩序的目的,所涉及的面也很广，如家具样 式与色彩的统一;平面布置的规整性;隔断高低尺寸与色彩材料的统一;天花的平整性与墙面不带花俏的装饰;合理的室内色 调及人流的导向等。办公室装潢这些都与秩序密切相关，可以说秩序在办公室设计中起着最为关键性的作用。

第二、办公室装修设计明快感

让办公室给人一种明快感也是设计的基本要求，办公环境明快是指办公环境的色调干净明亮，灯光布置合理,有充足的光线等，这也是办公室的功能要求所决定的。办公室装潢在装饰中明快的色调可给人一种愉快心情，给人一种洁净之感，同时明快的色 调也可在白天增加室内的采光度。目前有许多设计师将明度较高的绿色引入办公室，这类设计往往给人一种良好的视觉效果，从而创造一种春意，这也是一种明快感在室内的创意手段。

我的位置 | Email:站长信箱 | 关于我们

copyright©2012-2018　　华响设计有限公司版权®所有　　粤ICP备10026687号

电话：0762-3800020　传真：0762-3800043　地址：广东河源市小城街道256号。

图 3-1　“新闻详情”页面效果

## 相关知识

超链接

### 一、超链接<a>标签

超链接就是从一个网页转到另一个网页的途径。超文本链接（Hyper Text Link）通常简称为超链接（Hyper Link），或者简称为链接（Link）。链接是指文档中的文字或图像与另一个文档、文档的一部分或者一幅图像链接在一起。超链接的语法根据其链接对象的不同而不同，但都是基于<a>标签的。链接元素可以是文字，也可以是图片或其他页面元素。

语法：<a href="资源地址" target="窗口名称" title="链接提示文字">超链接名称</a>

1. href 属性

href 属性用于指定要链接的资源，资源类型有：

（1）当前站点中的网页，例如：<a href="news.html">新闻中心</a>。

（2）资源网址，例如：<a href="http://www.baidu.com">百度</a>。

（3）文件链接，例如：<a href="news.doc">新闻文档</a>。

（4）电子邮件链接，例如：<a href="mailto:99150752@qq.com">站长信箱</a>。

（5）空链接，只有链接的状态，例如：<a href="#">空链接不跳转</a>。

2. target 属性

在创建网页的过程中，有时候并不希望超链接的目标窗口将原来的窗口覆盖，比如希望不论链接到何处主页面都保留在原处，这时可以通过 target 属性来设置目标页面窗口的属性。

target 属性的取值有 4 种：_self、_parent、_top、_blank。

（1）target="_self"表示将链接的画面内容显示在目前的视窗中（内定值），即当前窗口打开。

（2）target="_parent"表示将链接的画面内容当成文件的上一个画面，即父窗口打开。

（3）target="_top"表示将框架中链接的画面内容显示在没有框架的视窗中（除去了框架），即顶端窗口打开。

（4）target="_blank"表示将链接的画面内容在新的浏览视窗中打开，即打开新窗口。

3. title 属性

title 属性用于指定当鼠标指针悬停在超链接上时显示的文字提示。

4. name 属性

name 属性用于定义锚点链接的名称。

**注意：** 超链接文本带下划线且与其他文字颜色不同，图像链接通常带有边框显示。用图像作链接时只有把显示图像的标签<img>嵌套在<a href="url"></a>之间才可实现图像超链接的效果。当鼠标指针指向“超链接名称”处时会变成手状，单击这个元素可以访问指定的目标文件。

【Example3-1.html】

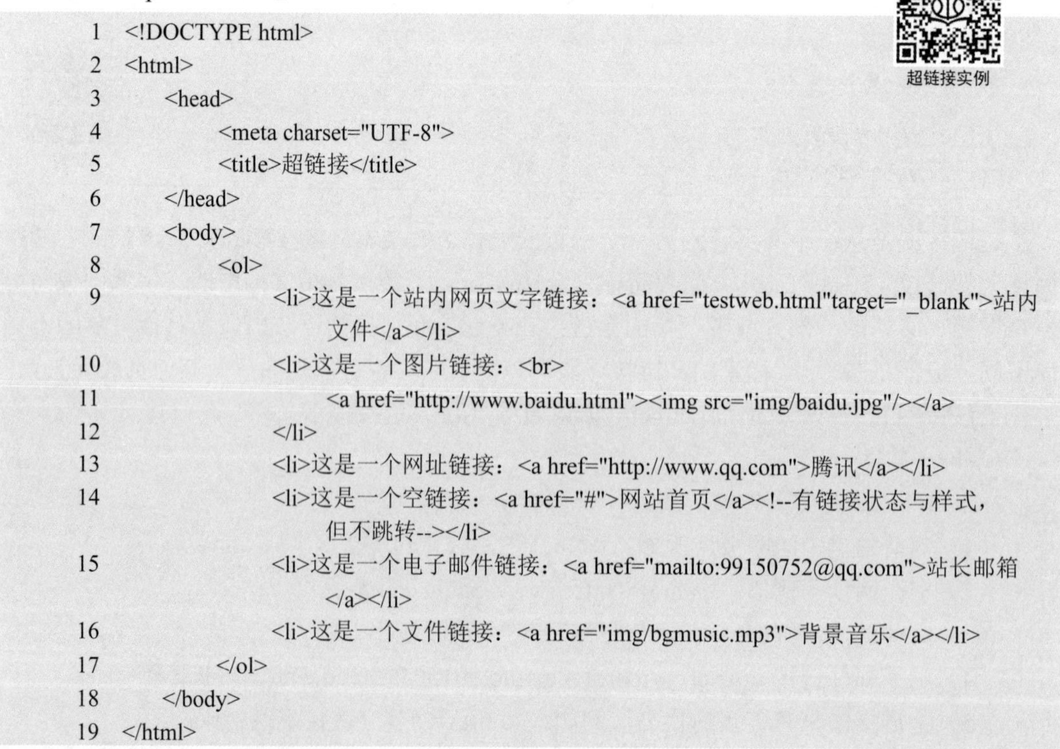

超链接实例

```
<!DOCTYPE html>
<html>
    <head>
        <meta charset="UTF-8">
        <title>超链接</title>
    </head>
    <body>
        <ol>
            <li>这是一个站内网页文字链接：<a href="testweb.html"target="_blank">站内文件</a></li>
            <li>这是一个图片链接：<br>
                <a href="http://www.baidu.html"><img src="img/baidu.jpg"/></a>
            </li>
            <li>这是一个网址链接：<a href="http://www.qq.com">腾讯</a></li>
            <li>这是一个空链接：<a href="#">网站首页</a><!--有链接状态与样式，但不跳转--></li>
            <li>这是一个电子邮件链接：<a href="mailto:99150752@qq.com">站长邮箱</a></li>
            <li>这是一个文件链接：<a href="img/bgmusic.mp3">背景音乐</a></li>
        </ol>
    </body>
</html>
```

在本例中建立了 6 类不同类型的超链接，有站内网页文字链接、资源网址链接、图片链接、空链接、电子邮件链接、非网页文件链接，它们都是由 href 来指定各类不同的资源。当鼠标指针放置在链接的文字或图片上时都会出现手形，其中第一个站内网页文字链接还设置了 target 属性，使得 testweb.html 文件在新窗口中打开，不会影响当前主页面的浏览。浏览效果如图 3-2 所示。

图 3-2　超链接浏览效果

## 二、锚点链接

锚点链接又称书签链接，和前面介绍的超链接不同的是它可以与链接目标在同一页面中，也可以在不同的页面中，常常用于那些内容庞大烦琐的网页。通过点击命名锚点，不仅能指向文档，还能指向页面中的特定段落，更能当作“精准链接”的便利工具，使链接对象接近焦点，便于浏览者查看网页内容，类似于我们阅读书籍时的目录页码或章回提示。在需要指定到页面的特定部分时，标记锚点是最佳的方法，通过建立锚点才能对页面的内容进行引导和跳转。锚点链接的使用顺序如下：

（1）在相应位置使用<a>标签的 name 属性建立锚点。

语法：<a name="锚点名称">文字或图片</a>

（2）在链接的对象上添加链接，在 name 属性定义的名称前加上井号“#”。

语法：<a href="#锚点名称">链接的文字或图片</a>

不同页面链接的链接方法如下：

（1）链接同一个页面的锚点。

语法：<a href="#书签的名称">链接的文字</a>

增加链接文字和链接地址就能实现同页面的锚点链接，#则代表锚点的链接地址。

（2）链接到不同页面的锚点。

语法：<a href="链接的文件地址#书签的名称">链接的文字</a>

与同一页面的锚点链接不同的是，需要在链接的地址前面增加文件所在的位置。

【Example3-2.html】

```
<!DOCTYPE html>
<html>
    <head>
        <meta charset="UTF-8">
        <title>锚点链接</title>
    </head>
    <body>
        <h3>招聘岗位</h3>
        <ul>
```

```
                <li><a href="#web">网页设计师</a></li>
                <li><a href="#ui">UI 设计师</a></li>
            </ul>
            <h4><a name="web">网页设计师</a></h4>
            <p>
                网页设计师是指精通 Photoshop、CorelDRAW、FrontPage、DreamWeaver 等
                多种网页设计工具的网页设计人员。
                网页设计师可以将平面设计中的审美观点套用到网站设计上来（二者的区别在于
                动态网页的制作是平面设计不能达到的，它是一种审美方式的延伸）。网页如
                门面，小到个人主页，大到大公司、政府部门和国际组织等在网络上开发的
                作为自己门面的网页。
                当点击网站时，首先映入眼帘的是该网页的界面设计，如内容的介绍、按钮
                的摆放、文字的组合、色彩的应用、使用的引导等。
                这一切都是网页设计的范畴，都是网页设计师的工作。
            </p>
            <br><br><br><br><br><br><br><br><br>
            <h4><a name="ui">UI 设计师</a></h4>
            <p>
                UI 的本义是用户界面，是英文 User 和 Interface 的缩写。UI 设计师简称 UID
                （User Interface Designer），是指从事对软件的人机交互、操作逻辑、界面
                美观的整体设计工作的人。UI 设计师的工作内容包括高级网页设计、移动
                应用界面设计。UI 设计师是目前中国信息产业中最为抢手的人才之一。
            </p>
            <br><br><br><br><br><br><br><br><br>
        </body>
</html>
```

在本例中首先使用 name 属性建立了两个锚点，然后在两个岗位的文字上增加了指向开始建立的两个锚点，页面浏览效果如图 3-3 所示。

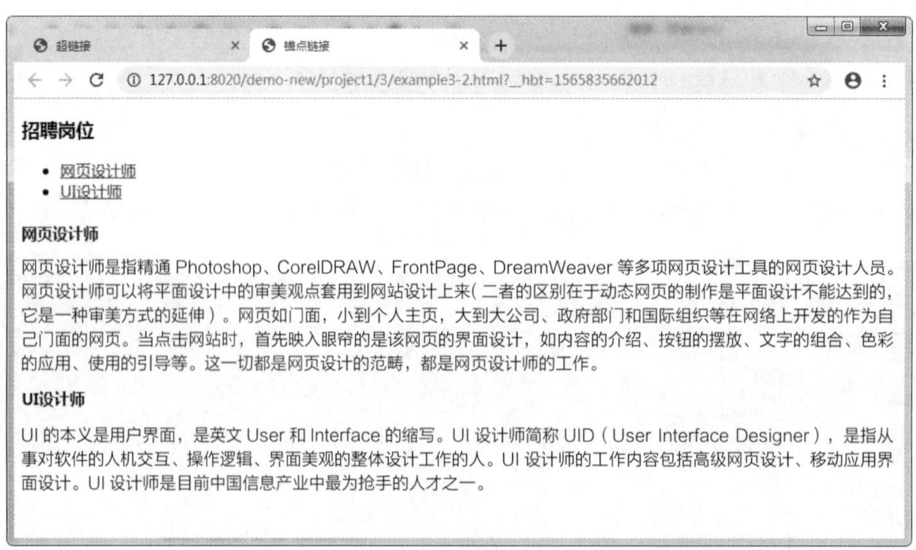


图 3-3　创建锚点链接

这样当点击“UI 设计师”文字时就可以自动定位到“UI 设计师”标题位置，可以很方便地查看全部相关内容，浏览效果如图 3-4 所示。

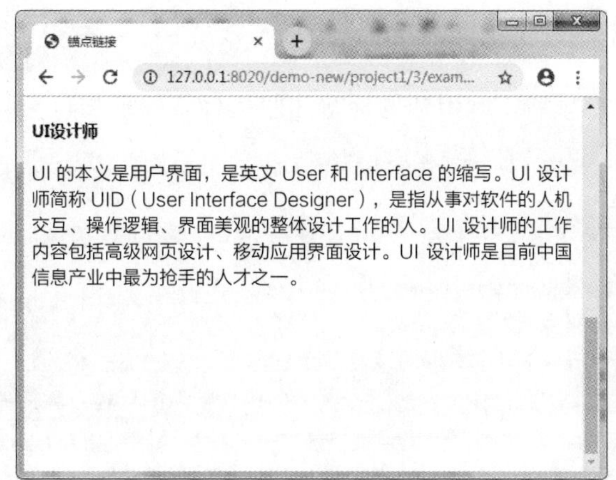


图 3-4　锚点跳转

## 实现步骤

内容构建

（1）在 web 项目中新建文件，文件名为 newsinfo.html，并设置网页标题为“项目 3-任务 1-新闻详情”，如图 3-5 所示。

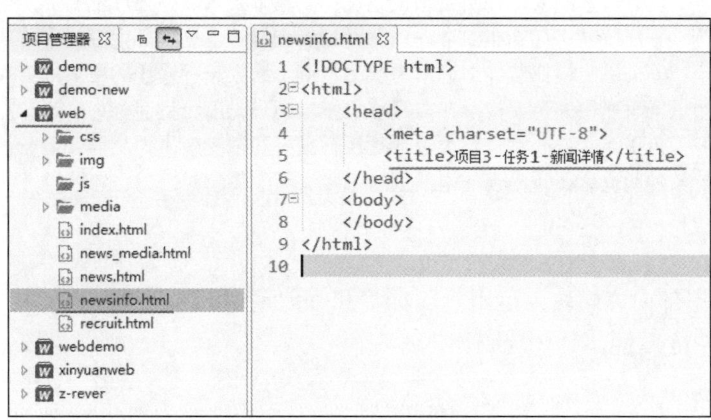


图 3-5　新建 newsinfo.html 文件

（2）在 header 模块中加入 logo.gif 图片，构建<nav>导航标签，并在导航标签中运用<a>标签建立超链接，将前两个任务的文件都链接到当前页面中，具体代码如下：

```
<header>
    <img src="img/logo.gif"/>
    <nav>
        <a href="index.html">首页</a>  |  
        <a href="#">公司简介</a>  |  
        <a href="news.html">新闻中心</a>  |  
        <a href="#">案例展示</a>  |  
```

```
        <a href="recruit.html"target="_blank">诚聘英才</a>  |  
        <a href="#">在线留言</a>
    </nav>
    <hr>
</header>
```

（3）建立主体内容模块，运用标题标签和段落标签构建。为了进行样式设置，在相关的标签内设置了 class 属性，具体代码如下：

```
<main>
    <h3>办公空间设计怎样才能有艺术感</h3>
    <h4>第一、办公室装修设计秩序感</h4>
    <p class="text">
        设计中的秩序是指形的反复、形的节奏、形的完整和简洁。办公室设计也正是运用
        这一基本理论来创造一种安静、平和与整洁的环境。秩序感是办公室设计的一个基
        本要素，要达到办公室设计中秩序的目的，所涉及的面也很广，如家具色彩的统一、
        平面布置的规整性、隔断高低尺寸与色彩材料的统一、天花板的平整性与不带花哨
        的装饰、合理的室内色调及人流的导向等。办公室装潢这些都与秩序密切相关，
        可以说在办公室设计中起着最为关键的作用。
    </p>
    <p class="photo"><img src="img/office.jpg"width="400"/></p>
    <h4>第二、办公室装修设计明快感</h4>
    <p class="text">
        让办公室给人一种明快感也是设计的基本要求。办公环境明快是指办公环境的色调
        干净明亮、灯光布置合理、有充足的光线等，这也是由办公室的功能要求决定的。
        办公室装潢在装饰中运用明快的色调可给人一种愉快的心情，给人一种洁净之感，
        同时明快的色调也可在白天增加室内的采光度。目前有许多设计师将明度较高的绿
        色引入了办公室，这类设计往往有良好的视觉效果，从而营造一种春意，这也是一
        种明快感在室内设计中的创意手段。
    </p>
</main>
```

（4）建立尾部内容模块，运用段落标签和<a>标签构建，为了进行样式设置，在相关的标签内设置了 id 属性，具体代码如下：

```
<footer id="foot">
    <hr>
    <p>
        <a href="img/map.doc">我的位置</a>  |  
        <a href="mailto:99150752@qq.com">Email:站长信箱</a>  |  
        <a href="#">关于我们</a>
    </p>
    <p>
        copyright&copy;2012-2018  华响设计有限公司版权&reg;所有  粤 ICP 备 10026687 号<br/>
          电话：0762-3800020  传真：0762-3800043  地址：广东河源市小城街道 256 号。
    </p>
</footer>
```

所有内容构建完成后的浏览效果如图 3-6 所示。

图 3-6　内容构建后的效果

（5）在 css 文件夹中新建 newsinfo.css 文件，并将 newsinfo.css 文件链接到 newsinfo.html 文件中，如图 3-7 所示。

项目管理器

- demo
- demo-new
- web
  - css
    - news.css
    - newsinfo.css
    - recruit.css
  - img
  - js
  - media
  - index.html
  - news_media.html
  - news.html
  - newsinfo.html
  - recruit.html

newsinfo.html　newsinfo.css

```
<!DOCTYPE html>
<html>
    <head>
        <meta charset="UTF-8">
        <title>项目3-任务1-新闻详情</title>
        <link rel="stylesheet" type="text/css" href="css/newsinfo.css"/>
    </head>
    <body>
        <header >
            <img src="img/logo.gif"/>
            <nav>
                <a href="index.html">首页</a>  |  
                <a href="#">公司简介</a>  |  
                <a href="news.html">新闻中心</a>  |  
                <a href="#">案例展示</a>  |  
                <a href="recruit.html" target="_blank">诚聘英才</a> &nbs
```

图 3-7　新建 newsinfo.css 文件

（6）在 newsinfo.css 文件中设置网页对象的样式，样式代码如下：

```
nav{text-align: right;}
h3,.photo,#foot{text-align: center;}
.text{text-indent:2em;line-height:2em;}
#foot{font-size:14px;}
```

浏览效果如图 3-8 所示。

图 3-8 浏览效果

# 任务 2 页面样式修饰

## 任务目标

### 知识目标

- 掌握 CSS 字体样式及其属性含义。
- 掌握伪类选择器的 4 种状态。
- 掌握边框属性及其含义。

## 能力目标

- 能利用 CSS 字体样式进行丰富的文字格式设置。
- 能设置丰富的超链接样式。
- 能对网页对象进行边框设置。

## 任务效果

利用链接伪类选择器、字体样式及基础边框样式完成“新闻详情”页面的样式设置，效果如图 3-9 所示。

图 3-9 任务效果图

## 相关知识

链接伪类选择器

### 一、链接伪类选择器

与之前学习过的选择器不同，链接伪类选择器所选择的对象并不存在于 HTML 中，只有当用户和网站交互的时候才能体现出来，它们指定的是链接元素的某种状态。由于状态通常是动态变化的，当元素处于一个特定状态时可能得到一个伪类的样式；当状态改变时又会失去这个样式。由此可知，它是基于文档之外的抽象，所以称为伪类。

链接的状态有以下 4 种：

- link：代表链接状态。
- visited：代表已访问状态。

- hover：代表鼠标指针经过状态。
- active：代表鼠标按下状态。

语法：a:状态{属性:属性值;…}

在 CSS 定义中，a:hover 必须被置于 a:link 和 a:visited 之后才是有效的，a:active 必须被置于 a:hover 之后才是有效的。

【Example3-3.html】

```
<!DOCTYPE html>
<html>
    <head>
        <meta charset="UTF-8">
        <title>链接伪类选择器</title>
        <style type="text/css">
            a:link,a:visited{/*未访问和已访问*/
                color:deeppink;
                text-decoration:none;          /*清除超链接默认的下划线*/
            }
            a:hover{                           /*鼠标指针悬停时*/
                color:blue;
                text-decoration:underline;     /*鼠标指针悬停时出现下划线，颜色为蓝色*/
            }
            a:active{ color:#F00;}             /*鼠标按下时文字颜色为红色*/
        </style>
    </head>
    <body>
        <a href="#">公司首页</a>
        <a href="#">公司简介</a>
        <a href="#">产品介绍</a>
        <a href="#">联系我们</a>
    </body>
</html>
```

在本例中，为链接对象设置了 4 类状态的样式，其中 a:link 和 a:visited 两个选择器的样式效果一样，当鼠标指针悬停时会出现下划线，点击时文件颜色会变成红色，效果如图 3-10 所示。

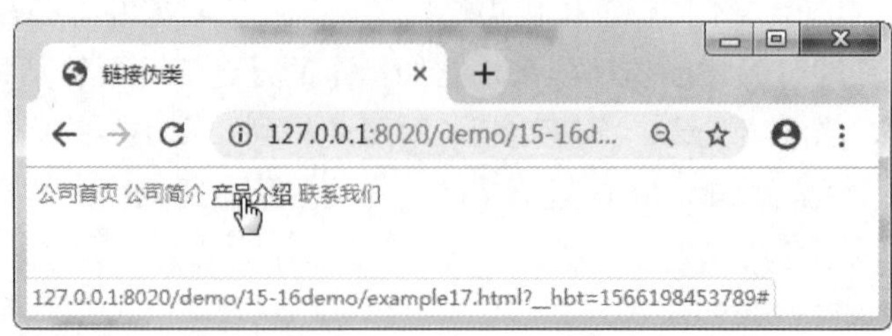


图 3-10　链接设置效果

## 二、字体属性

字体属性

CSS 的字体属性主要包括字体类型、字体大小、字体风格（如斜体）、字体变形（如小型大写字母）等。

1. font-family：指定字体类型

字体类型实际上就是 CSS 中设置的字体，用于改变 HTML 标志或元素的字体，相当于 HTML 标记中 font-face 属性的功能。

语法：font-family: "字体 1","字体 2","字体 3",…;

说明：浏览器不支持第一个字体时，会采用第二个字体，前两个字体都不支持时则采用第三个字体，依此类推。浏览器不支持定义的所有字体，则会采用系统的默认字体。必须用双引号引住任何包含空格的字体名，一般来说中文字体不存在空格，英文字体可能是由几个单词组成的。当我们用 font-family 指定字体类型时，要确保本机和服务器端都安装有此字体，在网页中我们常用的字体有宋体、微软雅黑、黑体等。如果想将网页中的所有段落文本的字体都设为华文彩云，可以使用如下代码：

```
body{font-family:"华文彩云";}
```

如果想指定多个字体，可以使用如下代码：

```
body{font-family: "华文彩云", "微软雅黑", "黑体";}
```

如果还想在字体设置时加入英文字体，应该将英文字体放置于中文字体名之前，如以下代码：

```
body{font-family: Arial,"华文彩云", "微软雅黑", "黑体";}
```

在此例中英文字体没有加上双引号，但如果英文字体是由多个单词组成的就必须要加上双引号。

2. @font-face：定义字体

在 CSS3 中，@font-face 可以使网页使用用户上传至网络空间上的字体，语法格式如下：

```
@font-face {
    font-family:字体名称;        /*定义网络字体的名称*/
    src:字体文件路径;            /*指定网络字体的存储路径*/
}
```

font-family 属性用于指定字体名称，src 属性用于指定字体文件的存储路径，完成定义之后就可以在对象的 font-family 属性中设置自定义字体。

【Example3-4.html】

```
<!DOCTYPE html>
<html>
    <head>
        <meta charset="UTF-8">
        <title>字体设置</title>
        <style type="text/css">
            @font-face {
                font-family:fangzheng;
```

```
                src: url(ttf/fzrbsjt.ttf);
            }
            h1{
                font-family: fangzheng;
                color:red;
            }
        </style>
    </head>
    <body>
        <h1>不忘初心，牢记使命</h1>
    </body>
</html>
```

在本例中，将“方正润扁宋简体”的字体文件 fzrbsjt.ttf 存储在了当前目录下的 ttf 子目录中，在 CSS 中运用@fong-face 定义了名为 fangzheng 的自定义字体后再设置了 h1 标签的字体为 fangzheng 字体，字体颜色为红色，效果如图 3-11 所示。

图 3-11　字体设置

3. font-size：指定字体大小

语法：font-size:值;

说明：字体大小的单位有以下几种：

- length：长度单位，有绝对和相对两种，经常用到的绝对单位有 pt，相对单位有 px、em、ex。
- px：像素，平面中最小的一个小方格。
- em：相对于当前对象内文本的字体尺寸。
- %：百分比，基于父亲元素设置的字体大小的百分比。

最好的方式是以像素为单位对字体大小进行设置，因为如果用户更改了浏览器默认文本的大小，那么以百分数和 em 值设置的文本也可以发生变化。

【Example3-5.html】

```
<!DOCTYPE html>
<html>
    <head>
        <meta charset="UTF-8">
        <title>字体大小</title>
        <style type="text/css">
            p{font-size:24px;}
            pspan{font-size:2em;}
        </style>
```

```
    </head>
    <body>
        <p> CSS 的<span>字体属性</span>主要包括字体类型、字体大小、字体风格等。</p>
    </body>
</html>
```

在本例中设置了整个p段落的文字大小为24像素，另外设置了p段落中的<span>标签内的文字大小为2em，代表<span>标签中的文字大小为当前对象的两倍大小，即48像素大小，效果如图3-12所示。

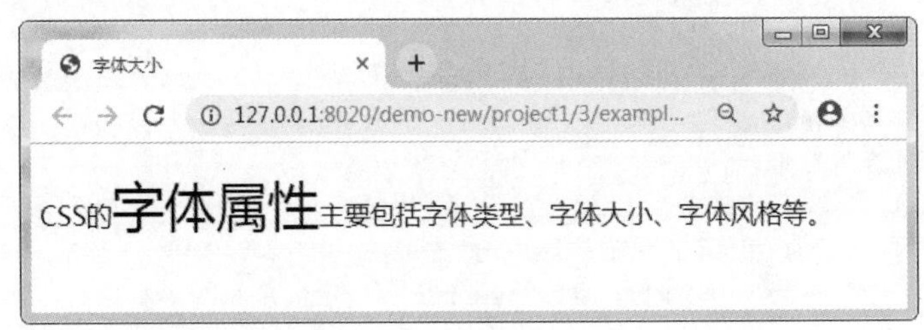


图3-12　字体大小

4. font-style：指定字体风格

font-style属性设置使用斜体、倾斜或正常字体。

语法：font-style: normal|italic|oblique;

- normal：默认值，显示正常的字体样式。
- italic：显示斜体的字体样式。
- oblique：显示倾斜的字体样式。

其中，italic和oblique都可以出现斜体效果，两者在显示效果上没有本质区别，只是有些字体是有斜体的就使用本身的斜体字体，当字体没有斜体时就以倾斜的姿态进行显示。如以下代码：

```
<h1 style="font-style:normal;">字体风格：正常</h1>
<h1 style="font-style:italic;">字体风格：斜体</h1>
<h1 style="font-style:oblique;">字体风格：倾斜</h1>
```

浏览效果如图3-13所示。

**字体风格：正常**

***字体风格：斜体***

***字体风格：倾斜***

图3-13　字体风格

5. font-variant：指定字体变形

font-variant属性用来设置英文字体是否显示为小型的大写字母。

语法：font-variant:normal|small-caps;

- normal：默认值，表示正常的字体。

- samll-caps：表示英文显示为小型的大写字母字体。

该属性只对英文设置起作用。

【Example3-6.html】

```
<!DOCTYPE html>
<html>
    <head>
        <meta charset="UTF-8">
        <title>字体变形</title>
        <style type="text/css">
            p.normal{font-variant:normal}
            p.small{font-variant:small-caps}
        </style>
    </head>
    <body>
        <p class="normal">This is a paragraph</p>
        <p class="small">This is a paragraph</p>
    </body>
</html>
```

在本例中，设置了一个正常字体和一个小型的大写字母，第二个段落就会变成大写字母，但是是小型的，比正常字体要小，显示效果如图 3-14 所示。

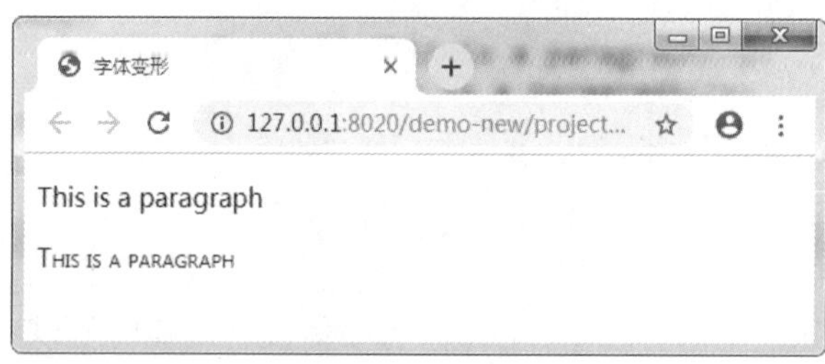


图 3-14　字体变形

6. font-weight：指定字体粗细

font-weight 属性用来设置字体粗细。

语法：font-weight:100-900|bold|bolder|lighter|normal;

- normal：默认值，定义标准的字符。
- bold：定义粗体字符。
- bolder：定义更粗的字符，相对于父亲元素定义。
- lighter：定义更细的字符，相对于父亲元素定义。
- 100-900：定义由粗到细的字符，其中，400 等同于 normal，而 700 等同于 bold。

【Example3-7.html】

```
<!DOCTYPE html>
<html>
    <head>
        <meta charset="UTF-8">
        <title>字体加粗</title>
```

```
    </head>
    <body>
        <h1>标题字体</h1>
        <h1 style="font-weight:normal;">标题字体</h1>
        <p>正文字体</p>
        <p style="font-weight:700; ">正文字体</p>
    </body>
</html>
```

在本例中，第二个<h1>标签运用 font-weight 属性将原有的加粗属性去除了，第二个 p 段落中运用 font-weight 属性设置了字体加粗，效果如图 3-15 所示。

图 3-15　字体加粗

7. font：复合属性

font 属性用于对字体样式进行综合设置。

语法：选择器{font:font-style|font-weight|font-size/line-height font-family;}

使用 font 属性，必须按照上面语法格式中的顺序书写，各个属性的属性值以空格隔开，其中只有 line-height 是文本格式属性，与 font-size 属性间以/进行分隔，同时也定义了对象的行高属性，如图 3-16 所示。

```
p{
  font: italic bold 24px/1.5 微软雅黑;
  /*相当于分别定义以下5个属性
  font-family: "微软雅黑";
  font-size: 24px;
  line-height: 1.5;
  font-style: italic;
  font-weight:bold;
  */
}
```

图 3-16　font 复合属性

基本边框属性

## 三、边框属性

在网页设计中，经常需要给元素设置边框效果。CSS 边框属性包括边框样式属性、边框宽度属性、边框颜色属性及边框的综合属性。同时为了进一步满足设计需求，CSS3 中还增加了许多新的属性，如圆角边框、图片边框等属性。

1. 边框样式：border-style

边框样式属性用以定义边框的风格呈现样式。

语法：border-style:样式值[样式值 样式值 样式值]

border-style 属性的样式值如表 3-1 所示，其中前 5 个是比较常用的样式。

表 3-1 border-style 属性的样式值

| 样式值 | 含义 |
|---|---|
| none | 不显示边框，为默认属性值 |
| dotted | 点线 |
| dashed | 虚线 |
| solid | 实线 |
| double | 双实线 |
| groove | 边框带有立体感的沟槽 |
| ridge | 边框呈脊形 |
| inset | 使整个方框凹陷，即在外框内嵌入一个立体边框 |
| outset | 使整个方框凸起，即在外框外嵌入一个立体边框 |

在设置边框样式时既可以针对 4 条边分别设置，也可以综合 4 条边的样式。如果对 4 条边分别设置则需要使用其派生属性。

- border-top-style:样式值
- border-right-style:样式值
- border-bottom-style:样式值
- border-left-style:样式值

使用 border-style 属性综合设置样式时，必须按“上右下左”的顺时针顺序，如以下代码即可设置 4 条边都为不同的样式：

```
border-style: solid dashed dotted double;
```

上面代码中定义了 4 个样式值，分别代表上边框、右边框、下边框、左边框样式，也可以采用省略的方式来定义：

- border-style:样式值：代表 4 条边都取相同的样式值。
- border-style:样式值 1 样式值 2：代表上下边框取样式值 1，左右边框取样式值 2。
- border-style:样式值 1 样式值 2 样式值 3：代表上边框取样式值 1，左右边框取样式值 2，下边框取样式值 3。

【Example3-8.html】

```
<!DOCTYPE html>
<html>
    <head>
        <meta charset="UTF-8">
        <title>边框样式</title>
```

```
        <style type="text/css">
            h2{border-style:double;}                          /*4 条边框相同——双实线*/
            .one{border-style:dashed solid;}                  /*上下为虚线，左右为单实线*/
            .two{border-style:solid dotted dashed;}           /*上为实线，左右为点线，下为虚线*/
        </style>
    </head>
    <body>
        <h2>做最好的自己</h2>
        <p class="one">靠自己的努力获得成功</p>
        <p class="two">办法总比困难多</p>
    </body>
</html>
```

在本例中运用 border-style 属性设置 h2 标题的 4 条边为相同的双实线，one 对象的上下边框为虚线，左右边框为单实线；two 对象的上边框为实线，左右边框为点线，下边框为虚线，在没有定义边框的宽度和颜色时默认宽度取值为 3px，边框颜色为黑色，效果如图 3-17 所示。

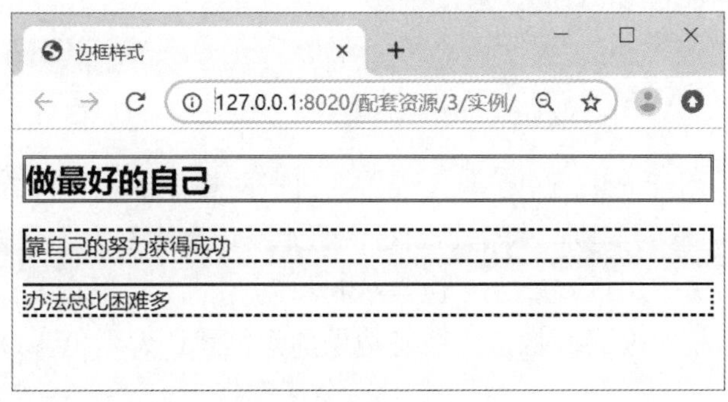


图 3-17　边框样式定义

2. 边框宽度：border-width

边框宽度属性用于定义边框的宽度值。

语法：border-width:宽度值[宽度值　宽度值　宽度值]

边框宽度值常用具体的像素来设置，也可以使用以下 3 个属性值进行设置：

- medium：定义默认厚度的边框。计算值为 3px。
- thin：定义比默认厚度细的边框。计算值为 1px。
- thick：定义比默认厚度粗的边框。计算值为 5px。

在设置边框宽度时既可以针对 4 条边分别设置，也可以综合 4 条边的宽度。如果对 4 条边分别设置则需要使用其派生属性：

- border-top-width:宽度值
- border-right-width:宽度值
- border-bottom-width:宽度值
- border-left-width:宽度值

边框宽度的其他用法和边框样式类似。

【Example3-9.html】

```
<!DOCTYPE html>
<html>
    <head>
        <meta charset="UTF-8">
        <title>边框宽度</title>
        <style type="text/css">
            p{border-style:solid;}
            .one{border-width:1px;}        /*4 条边宽度都为 1 像素*/
            .two{border-width:2px 4px;}    /*上下边框宽度为 2 像素，左右边框宽度为 4 像素*/
            .three{border-width:4px 6px 8px;}
            /*上边框宽度为 4 像素，左右边框宽度为 6 像素，下边框宽度为 8 像素*/
        </style>
    </head>
    <body>
        <p class="one">中国音乐</p>
        <p class="two">中国美术</p>
        <p class="three">中国武术</p>
    </body>
</html>
```

在本例中首先运用 border-style 属性设置所有段落标签的边框样式为单实线，再使用 border-width 设置各边框的宽度，其中 one 对象的 4 条边宽度都为 1 像素；two 对象的上下边框宽度为 2 像素，左右边框宽度为 4 像素；three 对象的上边框宽度为 4 像素，左右边框宽度为 6 像素，下边框宽度为 8 像素，所有边框的颜色默认为黑色，效果如图 3-18 所示。

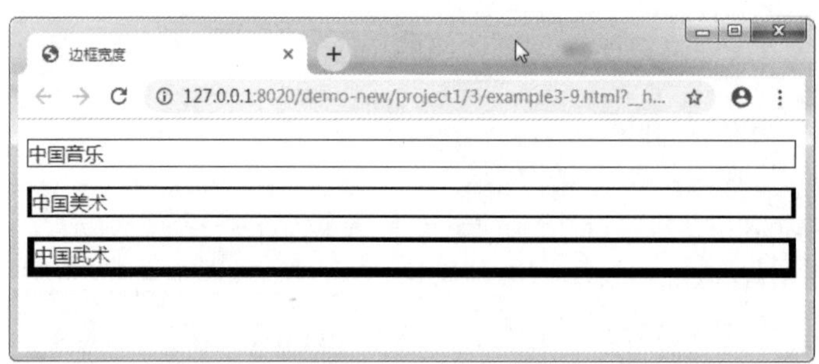


图 3-18　边框宽度定义

3. 边框颜色：border-color

边框颜色属性用于定义边框的颜色值。

语法：border-color:颜色值[颜色值 颜色值 颜色值]

颜色值的取值与 color 属性的值一样，既可以针对 4 条边分别设置颜色，也可以综合 4 条边的样式。如果 4 条边分别设置则需要使用其派生属性：

- border-top-color:颜色值
- border-right-color:颜色值

- border-bottom-color:颜色值
- border-left-color:颜色值

边框颜色的其他用法和边框样式类似。

【Example3-10.html】

```
<!DOCTYPE html>
<html>
    <head>
        <meta charset="UTF-8">
        <title>边框颜色</title>
        <style type="text/css">
            p{border-style:solid;}
            .one{border-color:red;}   /*4 条边颜色都为红色*/
            .two{border-color:green blue ;}   /*上下边框颜色为绿色，左右边框颜色为蓝色*/
            .three{border-color:yellow pink purple;}
            /*上边框颜色为黄色，左右边框颜色为粉色，下边框颜色为紫色*/
        </style>
    </head>
    <body>
        <p class="one">中国音乐</p>
        <p class="two">中国美术</p>
        <p class="three">中国武术</p>
    </body>
</html>
```

在本例中首先运用 border-style 属性设置所有段落标签的边框样式为单实线，再使用 border-color 设置边框的颜色，其中 one 对象的 4 条边颜色都为红色；two 对象的上下边框颜色为绿色，左右边框颜色为蓝色；three 对象的上边框颜色为黄色，左右边框颜色为粉色，下边框颜色为紫色，边框宽度默认为 3 像素，效果如图 3-19 所示。

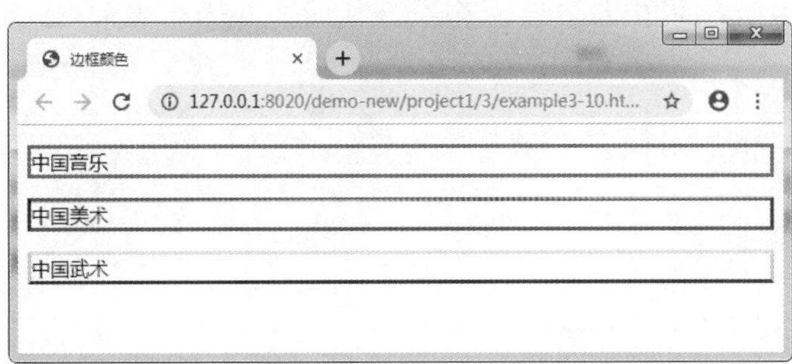


图 3-19 边框颜色定义

4. 边框复合属性：border

边框复合属性用来设置一个元素的边框宽度、样式和颜色。

语法：border:<边框宽度>||<边框样式>||<颜色>

边框复合属性 border 只能同时设置 4 种边框，也只能给出一组边框的宽度、样式及颜色，这 3 个属性值的位置没有固定要求，3 个值之间以空格进行分隔。边框复合属性也能单独对 4 条边进行复合设置，同样也需要指定 3 个值，可使用以下属性：

- border-top:<边框宽度>||<边框样式>||<颜色>
- border-right:<边框宽度>||<边框样式>||<颜色>
- border-bottom:<边框宽度>||<边框样式>||<颜色>
- border-left:<边框宽度>||<边框样式>||<颜色>

【Example3-11.html】

```
<!DOCTYPE html>
<html>
    <head>
        <meta charset="UTF-8">
        <title>边框综合属性</title>
        <style type="text/css">
            ul{border:3px double blue;line-height: 36px;}
            li{border-bottom: 1px dashed gray;}
        </style>
    </head>
    <body>
        <h3>做最好的自己</h3>
        <ul>
            <li>梦想是人生的翅膀</li>
            <li>学习其实很快乐</li>
            <li>我能面对一切挑战</li>
            <li>努力让我超越天才</li>
        </ul>
    </body>
</html>
```

在本例中首先运用 border 属性对 ul 对象的 4 条边进行双实线蓝色边框设置，边框宽度为 3 像素，然后对所有的<li>标签设置了底部的边框效果为 1 像素灰色的虚线，效果如图 3-20 所示。

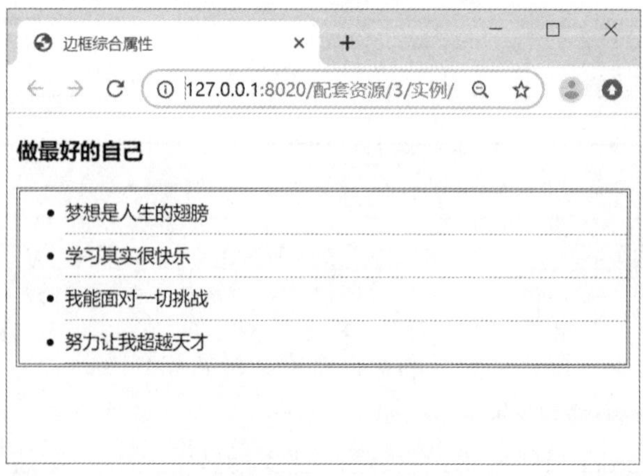


图 3-20　边框综合属性设置

5. 圆角边框属性：border-radius

新增边框相关属性

圆角边框属性用来设置一个元素使用圆角边框。

语法：border-radius: 1-4 length|% / 1-4 length|%;

length：用长度值设置对象的圆角半径长度，不允许负值。

%：用百分比设置对象的圆角半径长度，不允许负值。

属性值设置 2 个参数，2 个参数以“/”分隔，每个参数允许设置 1～4 个参数值，第 1 个参数表示水平半径，第 2 个参数表示垂直半径，如第 2 个参数省略，则默认等于第 1 个参数水平半径。如果提供全部 4 个参数值，将按上左（top-left）、上右（top-right）、下右（bottom-right）、下左（bottom-left）的顺序作用于 4 个角。如果只提供 1 个参数值，将作用于全部 4 个角。如果提供 2 个参数值，第 1 个作用于上左（top-left）、下右（bottom-right），第 2 个作用于上右（top-right）、下左（bottom-left）。如果提供 3 个参数值，第 1 个作用于上左（top-left），第 2 个作用于上右（top-right）、下左（bottom-left），第 3 个作用于下右（bottom-right）。

垂直半径也遵循以上规则。

【Example3-12.html】

```
<!DOCTYPE html>
<html>
    <head>
            <meta charset="UTF-8">
            <title>CSS 圆角边框</title>
             <style type="text/css">
                div {
                    width: 200px;
                    height: 200px;
                    margin:10px auto;
                    background: deeppink;
                }
                .box1{
                    border-radius: 10px;
                    border-radius: 10px 20px;
                    border-radius: 10px 20px 30px;
                    border-radius: 10px 20px 30px 40px;
                }
                .box2{
                    border-radius:50%;
                }
                .box3{
                    border-radius:100px 0px 0px 100px;
                    width:100px;
                }
                .box4{
                    width:200px;
                    height:120px;
```

```
                    border-radius:100px/60px;       /*水平/垂直*/
                }
            </style>
        </head>
        <body>
            <div class="box1"></div>
            <div class="box2"></div>
            <div class="box3"></div>
            <div class="box4"></div>
        </body>
</html>
```

圆角半径

在本例中设置了 box1 对象从 4 个相同的圆角到 4 个不同大小的圆角的变化过程；设置 box2 的圆角值为对象宽度的一半就出现了圆形的效果；对 box3 设置了 4 个不同圆角半径并设置对象宽度为 100px 出现半圆效果；对 box4 设置水平和垂直不同的半径出现了椭圆的效果，如图 3-21 所示。

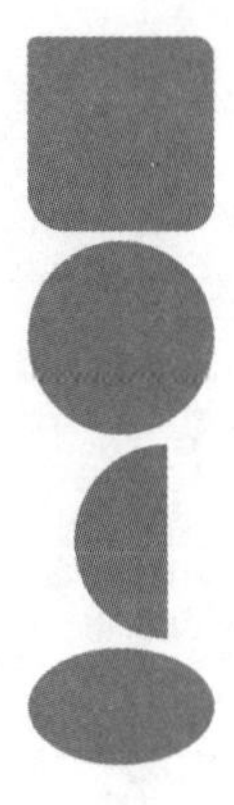

图 3-21　圆角边框效果

6. 对象阴影属性：box-shadow

box-shadow 属性用来给对象添加一个或多个阴影。

语法：box-shadow: length length length length color inset;

<length>①：第 1 个长度值用来设置对象的阴影水平偏移值，可以为负值。

<length>②：第 2 个长度值用来设置对象的阴影垂直偏移值，可以为负值。

<length>③：如果提供了第 3 个长度值，则用来设置对象的阴影模糊值，不允许负值。

<length>④：如果提供了第 4 个长度值，则用来设置对象的阴影外延值，可以为负值。

<color>：设置对象的阴影的颜色。

inset：设置对象的阴影类型为内阴影。该值为空时，则对象的阴影类型为外阴影。

【Example3-13.html】

```
<!DOCTYPE html>
<html>
    <head>
        <meta charset="UTF-8">
```

```
        <title>对象阴影</title>
        <style type="text/css">
            div{
                border:gray 10pxsolid;
                width:100px;
                height:100px;
                margin:30px;
            }
            .box1{box-shadow:10px 10px;}
            .box2{box-shadow:10px 10px 20px;}
            .box3{box-shadow:10px 10px 20px 10px;}
            .box4{box-shadow:10px 10px 20px 10px red inset;}
        </style>
    </head>
    <body>
        <div class="box1"></div>
        <div class="box2"></div>
        <div class="box3"></div>
        <div class="box4"></div>
    </body>
</html>
```

在本例中，设置了 box1 对象的阴影只应用水平偏移量和垂直偏移量，设置了 box2 对象的阴影带有模糊的效果，设置了 box3 对象的阴影进行了外延，设置了 box4 对象为内阴影，效果如图 3-22 所示。

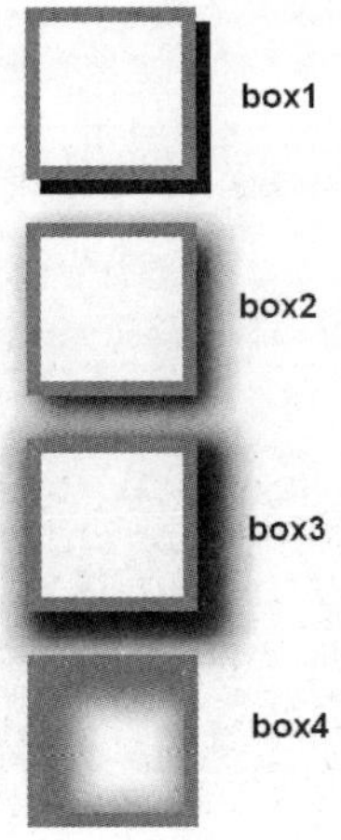


图 3-22　对象阴影效果

## 实现步骤

样式设置

（1）双击打开 web 项目 css 文件夹中的 newsinfo.css 文件。

（2）运用链接伪类选择器对导航中的链接设置样式，具体代码如下：

```
nav a{text-decoration:none;}
nav a:link{color:#309;font-weight:bold;}
nav a:visited{color:#999;font-weight:bold;}
nav a:hover{color:#f60;font-style:italic;}
nav a:active{color:green;font-style:italic;}
```

（3）将素材中下载好的字体复制到项目的 ttf 文件夹中，在 newsinfo.css 文件中定义字体的名称与路径，设置标题 3 的样式，具体代码如下：

```
@font-face {   /*定义网络字体的名称及存储图径*/
    font-family:myfont;
    src: url(../img/fzrbsjt.ttf);
}
h3{font-family:"myfont";color: green;font-size:30px;}
```

（4）设置主体部分水平线及其他相关样式，具体代码如下：

```
hr{border:none;border-bottom:3pxdouble#03f;}
h4{font-family:"黑体";font-size:20px;}
.photo img{border:16px steelblue ridge;}
#foot{text-transform:uppercase;line-height:2em;}
```

（5）设置底部超链接的样式，具体代码如下：

```
#foot a{text-decoration:none;}
#foot a:link{color:#f63;}
#foot a:visited{color:#999;}
```

完成后的效果如图 3-23 所示。

图 3-23　完成后的效果

# 思考与练习

## 一、选择题

1．定义访问过的链接样式应使用（　　）选择器。

A．a:link　　B．a:visited　　C．a:hover　　D．a:active

2．伪类选择器是指定网页元素的（　　）。

A．状态　　B．子元素　　C．属性　　D．属性值

3．如果要设置<p>标签中的字体为加粗，正确的样式定义为（　　）。

A．p(font-weight:bold;)　　B．p{font-style:bold;}

C．p{font-weight:bold;}　　D．p{font-size:27px;}

4．在 CSS 语言中，下列选项中（　　）用来设置字体类型的属性。

A．font-size　　B．font-style　　C．font-weight　　D．font-family

5．要设置当前页面中 class 名为 compact 元素的内容的字体为斜体，下列选项中能实现该功能的是（　　）。

A．<style type="text/css">compact{font-style:italic;}</style>

B．<style type="text/css">#compact{font-style:normal;}</style>

C．<style type="text/css">.compact{font-style:italic;}</style>

D．<style type="text/css">.compact{font-style:inherit;}</style>

6. 如果要对网页中一个 class 名为 title 的对象设置底部边框为 2 像素的红色实线边框，以下（　　）是正确的。

A．border:2px solid red;　　B．border-bottom:2px solid red;

C．border-style:2px solid red;　　D．border-color:2px solid red;

## 二、填空题

1．________属性用来为元素的每个边框添加不同颜色。

2．________属性用来为元素的每个边框设置边框宽度。

3．运用 CSS3 中的 border-radius 属性可以将矩形边框圆角化，如果想将.box 对象定义成正圆形，请完成下述代码。

```
.box{
    width: ________;
    height:500px;
    border:6px solid red;
    border-radius: ________;
}
```

4．CSS3 提供@font-face 规则，可以使网页使用用户上传至网络空间上的字体或保存在项目中的字体，则在@font-face 规则中应该定义以下两个属性：

________：定义字体的名称。

________：字体的存储路径。

5．运用 CSS3 中的 box-shadow 属性可以设置对象的阴影，第 1 个长度值用来设置对象的阴影________偏移值，可以是负值；第 2 个长度值用来设置对象的阴影________偏移值，可以是负值；如果提供了第 3 个长度值，则用来设置对象的阴影________值；如果提供了第 4 个长度值，则用来设置对象的阴影________值；颜色值用来设置阴影的________；如果有 inset 值，则可设置对象的阴影类型为________阴影，该值为空时，则对象的阴影类型为默认的________阴影。

## 三、判断题

（　）4 个超链接伪类选择器联合使用时，应注意它们的定义顺序，按先后顺序依次为：hover→link→visited→active。

## 四、操作题

在教学平台上的资料栏目中下载素材，完成图 3-24 所示效果的制作。

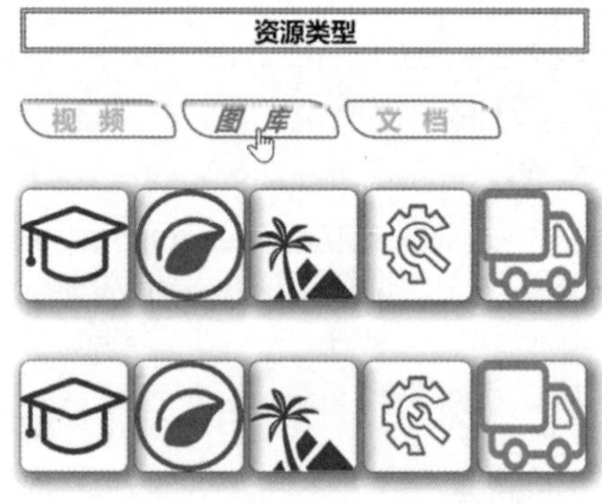


图 3-24　思考与练习效果图

# 项目 4　建立表格页

## 项目导读

网页中的表格由一行或多行单元格组成，应用表格可以让信息展示更有条理。表格目前已经不是用来进行页面布局的元素，更多的是用来显示表格数据。表格的样式涉及多种样式属性，如宽、高、外边距、内边距、边框等，并且表格有其独特的CSS样式，本项目运用表格完成公司的“案例展示页”。背景属性是网页中非常重要的属性，在CSS3中新增了多个背景属性及属性值，可以更为灵活地设置出更多背景效果，本项目完成公司的“案例详情页”并运用背景属性实现多种效果。

## 任务 1　案例展示页制作

### 任务目标

知识目标

- 掌握表格的常用标签<table>、<tr>、<td>、<th>等及其属性意义。
- 掌握CSS样式中表格相关的属性及属性值含义。

能力目标

- 能综合利用表格的各类标签进行复杂表格框架构建。
- 能利用边框、表格、填充属性样式对表格进行美化。

### 任务效果

运用表格标签、边框样式、边距和填充样式完成“产品展示”页面的制作，效果如图4-1所示。

图 4-1　任务效果图

## 相关知识

表格建立及样式设置

### 一、表格相关标签

表格一般通过 3 个标签来构建，分别是表格标签<table>、行标签<tr>和单元格标签<td>，表格标签是<table>和</table>，标签含义如表 4-1 所示。

表 4-1　表格相关标签

| 标签 | 描述 |
|---|---|
| <table>…</table> | 用于定义一个表格的开始和结束 |
| <th>…</th> | 用于定义一个表格内容的表头单元格 |
| <tr>…</tr> | 定义表格的一行，一组行标签内可以建立多组由<td>或<th>标签所定义的单元格 |
| <td>…</td> | 定义表格的单元格，一组<td>标签将建立一个单元格，<td>标签必须放在<tr>标签内 |
| <caption></caption> | 用来设置表格的标题及其位置，应放在<table>标签内，<tr>标签前 |

1. 表格标签<table>的属性

表格标签<table>有很多属性，属性定义在<table>标签内，比较常用的属性如表 4-2 所示。

表 4-2 表格标签属性

| 属性 | 描述 |
| --- | --- |
| width/height | 表格的宽度（高度），值可以是数字或百分比，数字表示表格宽度（高度）所占的像素点数，百分比是表格的宽度（高度）占浏览器宽度（高度）的百分比 |
| align | 表格在页面中的水平摆放位置 |
| background | 表格的背景图片 |
| bgcolor | 表格的背景颜色 |
| border | 表格边框的宽度（以像素为单位） |
| bordercolor | 表格边框的颜色 |
| cellspacing | 单元格之间的间距 |
| cellpadding | 单元格内容与单元格边界之间空白距离的大小 |

注：大部分的属性都可以用 CSS 样式进行定义，这里可只作了解。

2. 表格行的设定

表格是按行组织的，一个表格由几行组成就要有几个行标签<tr>，行标签用它的属性值来修饰，属性都是可选的，<tr>标签的属性如表 4-3 所示。

表 4-3 <tr>标签属性

| 属性 | 描述 |
| --- | --- |
| align | 行内容的水平对齐方式，可以是 left、center、right |
| valign | 行内容的垂直对齐方式，可以是 top、middle、bottom |
| bgcolor | 行的背景颜色 |
| bordercolor | 行的边框颜色 |

注：大部分的属性都可以用 CSS 样式进行定义，这里可只作了解。

3. 单元格的设定

<th>和<td>都是插入单元格标签，这两个标签必须嵌套在<tr>标签内，并且都是成对出现。<th>是表头标签，表头标签一般位于首行或首列，标签之间的内容就是位于该单元格内的标签内容，其中的文字以粗体居中显示。单元格标签<td>就是该单元格中的具体内容，<th>和<td>标签的属性都是一样的，属性设定如表 4-4 所示。

表 4-4 <td>标签属性

| 属性 | 描述 |
| --- | --- |
| width/height | 单元格的宽度（高度），值可以是绝对值（如 80）或相对值（80%） |
| colspan | 单元格向右打通的栏数 |
| rowspan | 单元格向下打通的列数 |
| align | 单元格内容的水平对齐方式，可选值为 left、center、right |
| valign | 单元格内容的垂直对齐方式，可选值为 top、middle、bottom |

续表

| 属性 | 描述 |
|---|---|
| bgcolor | 单元格的背景颜色 |
| bordercolor | 单元格的边框颜色 |
| bordercolorlight | 单元格边框向光部分的颜色 |
| bordercolordark | 单元格边框背光部分的颜色 |
| background | 单元格的背景图片 |

注：大部分的属性都可以用 CSS 样式进行定义，这里可只作了解。

【Example4-1.html】

```
<!DOCTYPE html>
<html>
    <head>
        <meta charset="UTF-8">
        <title>表格</title>
    </head>
    <body>
        <table border="1" cellpadding="10" cellspacing="10" align="center" width="600">
            <caption>成绩表</caption>
            <tr>
                <th>学号</th>
                <th>姓名</th>
                <th>班级</th>
                <th>Java</th>
                <th>网页</th>
            </tr>
            <tr align="center">
                <td>20190112036</td>
                <td>李一</td>
                <td>19 网络 1 班</td>
                <td>86</td>
                <td>88</td>
            </tr>
            <tr align="center">
                <td>20190112037</td>
                <td>王明</td>
                <td>19 网络 1 班</td>
                <td>76</td>
                <td>91</td>
            </tr>
        </table>
    </body>
</html>
```

在本例中建立了一个带有表格标题名称的 3 行 5 列的表格，运用相关属性设置表格边框为 1px，单元格间距为 10px，单元格内部填充留白为 10px，表格在页面居中位置，宽度为 600px，表格行的水平对齐方式为居中对齐，效果如图 4-2 所示。

图 4-2　3 行 5 列的表格

4. 单元格的跨行与跨列设定

（1）水平跨度属性：colspan。

语法：<td colspan="跨的列数">

单元格水平跨度是指在复杂的表格结构中，有些单元格是跨多个列的。跨的列数就是这个单元格所跨列的个数，也可以说是单元格向右打通的单元格个数。

（2）垂直跨度属性：rowspan。

语法：<td rowspan="单元格跨的行数">

单元格除了可以在水平方向上跨列，还可以在垂直方向上跨行。与水平跨度相对应，rowspan 设置的是单元格在垂直方向上跨行的个数，也可以说是单元格向下打通的单元格个数。

【Example4-2.html】

```
<!DOCTYPE html>
<html>
    <head>
        <meta charset="UTF-8">
        <title>表格跨行跨列</title>
    </head>
    <body>
        <table border="1" cellpadding="10" cellspacing="10" align="center" width="600">
            <caption>成绩表</caption>
            <tr>
                <th>学号</th>
                <th>姓名</th>
                <th>班级</th>
                <th colspan="2">课程</th>
            </tr>
            <tr align="center">
                <td>20190112036</td>
```

```
                <td>李一</td>
                <td rowspan="2">19 网络 1 班</td>
                <td>86</td>
                <td>88</td>
            </tr>
            <tr align="center">
                <td>20190112037</td>
                <td>王明</td>
                <td>76</td>
                <td>91</td>
            </tr>
        </table>
    </body>
</html>
```

本例在①标记处进行了跨列的属性设置，在②标记处进行了跨行的属性设置，效果如图 4-3 所示。

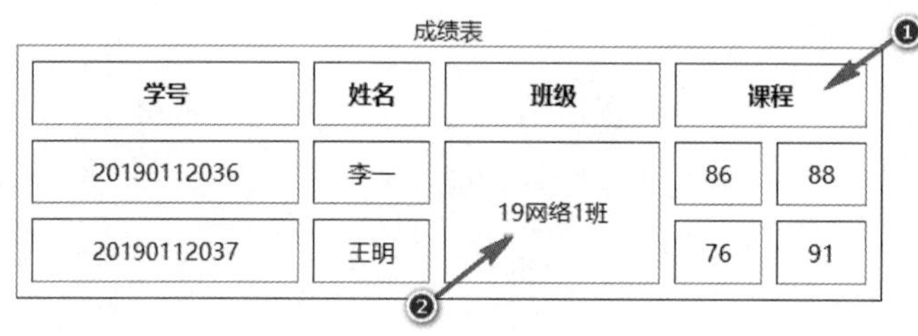

成绩表

| 学号 | 姓名 | 班级 | 课程 | |
| --- | --- | --- | --- | --- |
| 20190112036 | 李一 | 19网络1班 | 86 | 88 |
| 20190112037 | 王明 | | 76 | 91 |

图 4-3　表格的跨行与跨列

## 二、表格相关属性

表格的样式设置需要用到多种属性，主要包括表格及单元格的宽度和高度、表格边框、单元格对齐方式、表格边框合并、表格边框间距等属性。

1. width 和 height：设置对象的宽度和高度

语法：

width:像素值;

height:像素值;

width 和 height 属性用于给块级元素设置宽度和高度，表格和单元格都可以设置宽度和高度属性。

2. border：设置表格边框

其语法规则与边框属性相同，表格和单元格都可以设置边框属性。

3. border-collapse：设置表格边框合并

表格加入边框效果后单元格之间是有一定空隙的，border-collapse 属性用来去除单元格之间的空隙，可以将两条边框合并为一条。

语法：border-collapse:separate|collapse

separate：默认值，边框独立。

collapse：相邻边被合并。

4. border-spacing：表格边框间距

表格边框间距属性是在border-collapse属性设置属性值为separate时结合设置表格边框之间的间距。

语法：border-spacing:像素值;

5. 表格及单元格文本对齐方式设置

text-align用来设置单元格的水平对齐方式，可取值为left、center、right；vertical-align用来设置单元格的垂直对齐方式，常用取值有top、middle、bottom。

## 三、边距与填充属性

边距属性

1. 设置对象4条边的内部边距

语法：padding：[ <length> | <percentage> ]{1,4}

<length>：用长度值来定义内补白，不允许负值。

<percentage>：用百分比来定义内补白。水平（默认）书写模式下，参照其包含块width进行计算，其他情况参照height，不允许负值。

如果提供全部4个参数值，将按上、右、下、左的顺序作用于4条边。如果只提供1个，将作用于全部的4条边。如果提供2个，第1个作用于上、下两条边，第2个作用于左、右两条边。如果提供3个，第1个作用于上边，第2个作用于左、右两条边，第3个作用于下边。

非替代（non-Replaced）行内元素可以使用该属性设置左、右两条边的内补丁；若要设置上、下两条边的内补丁，必须先使该对象表现为块级或内联块级。

2. 设置对象4条边的外边距

语法：margin：[ <length> | <percentage> | auto ]{1,4}

<length>：用长度值来定义外补白，可以为负值。

<percentage>：用百分比来定义外补白。水平（默认）书写模式下，参照其包含块 width进行计算，其他情况参照height，可以为负值。

auto：水平（默认）书写模式下，margin-top/margin-bottom计算值为0，margin-left/margin-right取决于可用空间。

如果提供全部4个参数值，将按上、右、下、左的顺序作用于4条边。如果只提供1个，将作用于全部的4条边。如果提供2个，第1个作用于上、下两条边，第2个作用于左、右两条边。如果提供3个，第1个作用于上边，第2个作用于左、右两条边，第3个作用于下边。

非替代（non-replaced）行内元素可以使用该属性设置左、右两条边的外补丁；若要设置上、下两条边的外补丁，必须先使该对象表现为块级或内联块级。外延边距始终透明。

【Example4-3.html】

```
<!DOCTYPE html>
<html>
    <head>
        <meta charset="UTF-8">
        <title>表格 CSS 样式</title>
        <style type="text/css">
            table{
                width:600px;
                margin:20pxauto;
                text-align: center;
                border-collapse:separate;
                border-spacing:10px;
                border:1pxsolid black;
            }
            th,td{
                border:1pxsolid black;
                padding:10px;
            }
        </style>
    </head>
    <body>
        <table>
            <caption>成绩表</caption>
            <tr>
                <th>学号</th>
                <th>姓名</th>
                <th>班级</th>
                <th colspan="2">课程</th>
            </tr>
            <tr>
                <td>20190112036</td>
                <td>李一</td>
                <td rowspan="2">19 网络 1 班</td>
                <td>86</td>
                <td>88</td>
            </tr>
            <tr>
                <td>20190112037</td>
                <td>王明</td>
                <td>76</td>
                <td>91</td>
            </tr>
        </table>
    </body>
</html>
```

在本例中去除了 Example4-2 中的所有表格相关属性，运用表格相关的 CSS 样式替代了所有的格式设置，做到了内容与表现的分离，效果如图 4-4 所示。

成绩表

| 学号 | 姓名 | 班级 | 课程 | |
|---|---|---|---|---|
| 20190112036 | 李一 | 19网络1班 | 86 | 88 |
| 20190112037 | 王明 | | 76 | 91 |

图 4-4　样式设置表格属性

## 四、表格制作

表格制作-实例解析

表格制作是表格的结构建立和表格样式统一设置的结果，需要综合运用相关的标签及样式设置才能得到一个美观的表格，现在的网页主要使用 CSS 进行布局，表格在网页制作中主要用来建立复杂的表格而不能用来进行布局设置。

【Example4-4.html】

```
<!DOCTYPE html>
<html>
    <head>
        <meta charset="UTF-8">
        <title>表格</title>
        <style type="text/css">
            td,th{border:1pxsolid green;text-align: center;line-height:2em;}
            table{border-collapse:collapse;border:3pxdouble green;}
            .one{width:50px;}
            .two,.three{width:100px;}
            .four{width:600px;}
            caption{font-weight:bold;color:green;font-size:24px;}
        </style>
    </head>
    <body>
        <table>
            <caption>班级学生成绩表</caption>
            <tr>
                <th rowspan="2" class="one">序号</th>
                <th rowspan="2" class="two">学号</th>
                <th rowspan="2" class="three">姓名</th>
                <th colspan="6" class="four">课程</th>
            </tr>
            <tr>
                <td>C 语言</td>
                <td>Java</td>
```

```
                <td>PHP</td>
                <td>HTML</td>
                <td>JS</td>
                <td>影视</td>
            </tr>
            <tr>
                <td> </td>
                <td> </td>
                <td> </td>
                <td> </td>
                <td> </td>
                <td> </td>
                <td> </td>
                <td> </td>
                <td> </td>
            </tr>
            <tr>
                <td> </td>
                <td> </td>
                <td> </td>
                <td> </td>
                <td> </td>
                <td> </td>
                <td> </td>
                <td> </td>
                <td> </td>
            </tr>
        </table>
    </body>
</html>
```

本例中使用表格及表格相关的样式设置完成了一个复杂成绩表表格的制作，制作流程为首先完成表格结构的建立，然后运用样式设置表格及单元格的宽度、边框、边距等，效果如图 4-5 所示。

**班级学生成绩表**

| 序号 | 学号 | 姓名 | 课程 | | | | | |
|---|---|---|---|---|---|---|---|---|
| | | | C 语言 | Java | PHP | HTML | JS | 影视 |
| | | | | | | | | |
| | | | | | | | | |

图 4-5　表格综合实例效果

## 实现步骤

表格框架建立

（1）打开 web 项目中的 newsinfo.html 文件，将文件另存为 case.html，并设置网页标题为“项目 4-任务 1-案例展示”，如图 4-6 所示。

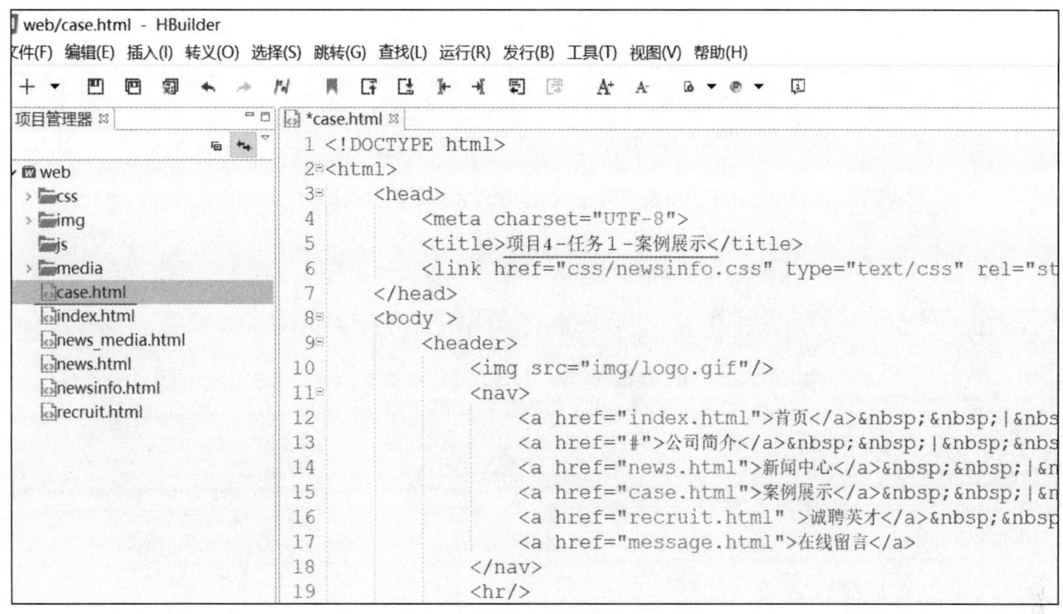


图 4-6　新建 case.html 文件

（2）删除原有文件中 main 模块里的源码，保留原有的 header 模块和 footer 模块代码。

（3）在<main>标签中运用表格的相关标签新建 9 行 3 列的表格，并添加文件内容和图片，具体代码如下：

```
<main>
    <table id="show">
      <tr><td colspan="3" class="impor_title">室内设计-现代简约</td></tr>
      <tr>
        <td class="impor_title">户型图</td>
        <td colspan="2"><img src="img/cad.png" width="450"/></td>
      </tr>
      <tr>
        <td rowspan="5" class="impor_title" width="100">案例参数</td>
        <td width="200" class="para">案例风格：</td>
        <td>现代简约</td>
      </tr>
      <tr>
        <td class="para">案例面积：</td>
        <td>65 平方米</td>
      </tr>
      <tr>
        <td class="para">案例户型：</td>
        <td>小户型</td>
      </tr>
      <tr>
        <td class="para">案例价格：</td>
        <td>¥200.000 元</td>
```

```
            </tr>
            <tr>
               <td class="para">装修模式：</td>
               <td>半包</td>
           </tr>
            <tr><td colspan="3" class="impor_title">效果图</td></tr>
            <tr>
               <td colspan="3" class="imgarea">
               <img src="img/xgt1.png"/>
               <img src="img/xgt2.png"/>
               <img src="img/xgt3.png"/>
               <p><a href="caseinfo.html">点击查看详情介绍</a></p>
               </td>
            </tr>
        </table>
   </main>
```

（4）保存后浏览效果，如图 4-7 所示。

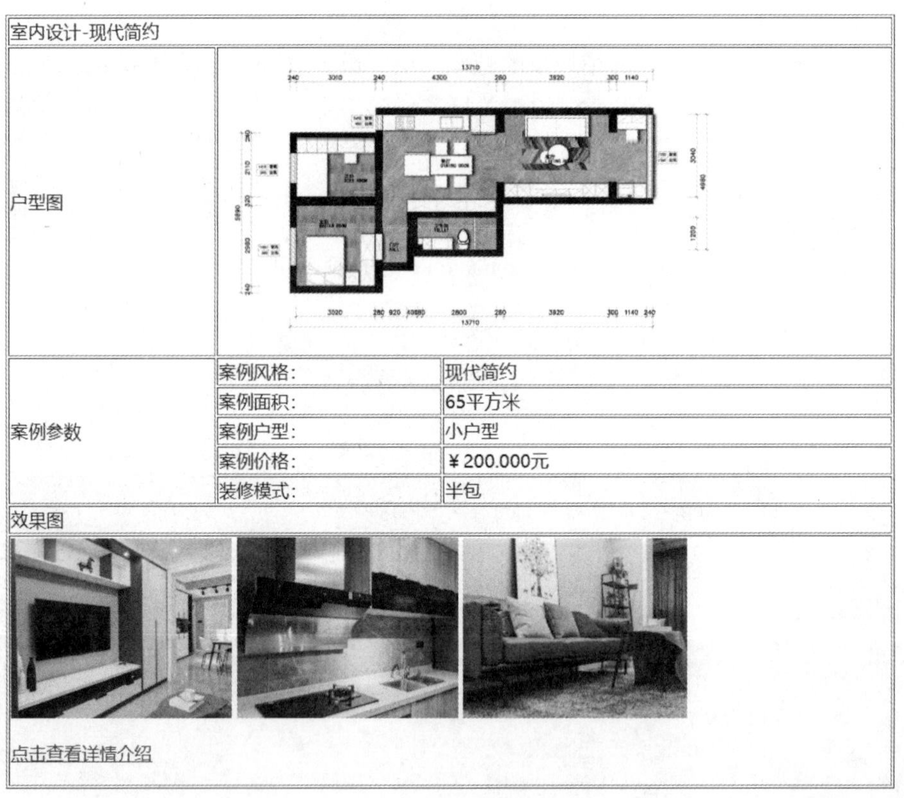


图 4-7　表格效果图

（5）在 css 文件夹中新建 case.css 文件，并将 case.css 链接到 case.html 文件中，在 case.html 文件中为相应的每个对象设置不同的 class 名，以便进行样式控制，如图 4-8 所示。

样式设置

```
<main>
    <table id="show">
      <tr> <td colspan="3" class="impor_title">室内设计-现代简约</td> </tr>
      <tr>
        <td class="impor_title">户型图</td>
        <td colspan="2" ><img src="img/cad.png" width="450" /></td>
      </tr>
      <tr>
        <td rowspan="5" class="impor_title" width="100">案例参数</td>
        <td width="200" class="para">案例风格：</td>
        <td>现代简约</td>
      </tr>
      <tr>
        <td class="para">案例面积：</td>
        <td>65平方米</td>
      </tr>
      <tr>
        <td class="para">案例户型：</td>
        <td>小户型</td>
      </tr>
      <tr>
        <td class="para">案例价格：</td>
        <td>￥200.000元</td>
      </tr>
      <tr>
        <td class="para">装修模式：</td>
        <td>半包</td>
     </tr>
      <tr> <td colspan="3" class="impor_title">效果图</td></tr>
      <tr>
        <td colspan="3" class="imgarea">
            <img src="img/xgt1.png" />
            <img src="img/xgt2.png" />
            <img src="img/xgt3.png" />
            <p><a href="caseinfo.html">点击查看详情介绍</a></p>
        </td>
      </tr>
   </table>
</main>
```

图 4-8　为对象添加 class 名

（6）对各对象进行样式设置，CSS 样式如下：

```
#show{width:800px; border-collapse:collapse; margin:auto;}
#show td{border:1px solid#66C1E4; line-height:40px; padding-left:20px;}
#show td.imgarea{height:120px; text-align: center;}
.imgarea img{
    width:200px;
    border:3px double gray;
    padding:5px;
    margin:10px;
    border-radius:10px;
    box-shadow:3px 3px 5px #66C1E4;
}
.impor_title{color:#309; font-weight:bold;}
```

（7）保存后浏览 case.html 页面，效果如图 4-9 所示。

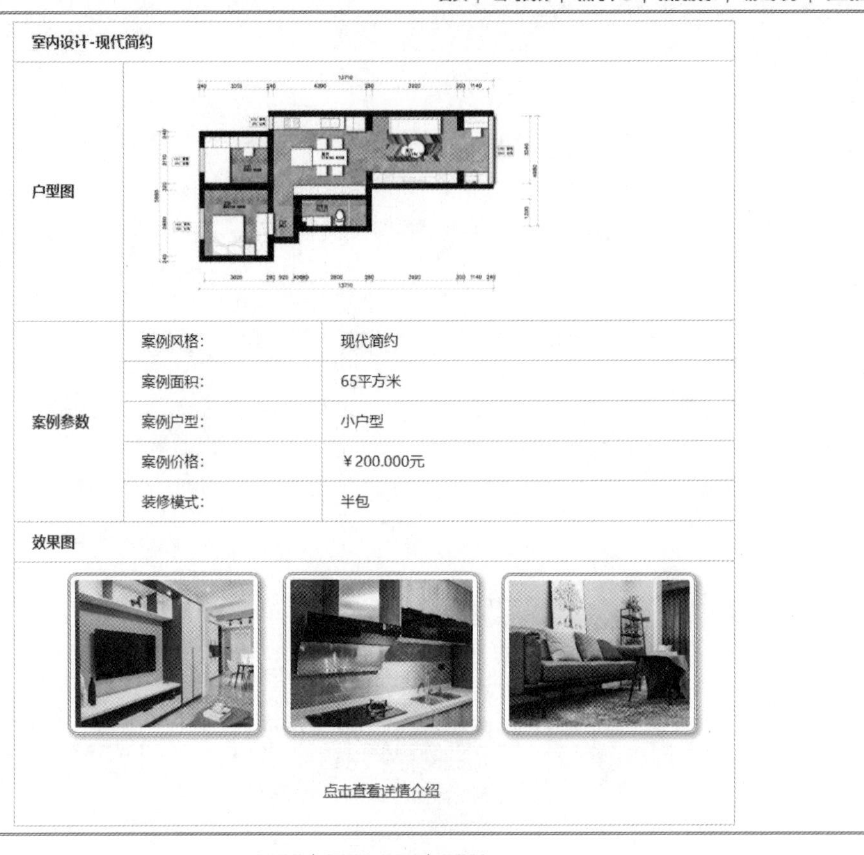


图 4-9　案例展示页面效果图

# 任务 2　案例详情页制作

## 任务目标

### 知识目标

- 掌握 CSS 样式中与背景相关的属性及属性值含义。

### 能力目标

- 能综合利用背景对网页对象进行美化。

## 任务效果

运用背景样式对案例详情页中的对象进行多种背景效果设置，如图 4-10 所示。

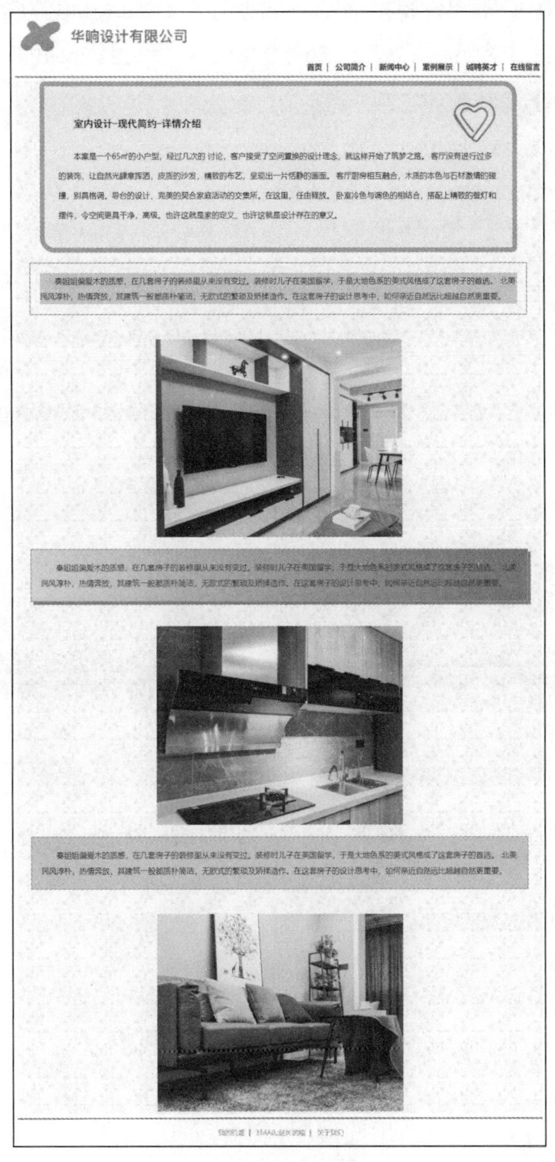


图 4-10　背景属性设置效果图

## 相关知识

### 一、背景属性

#### 1. 设置背景颜色（background-color）

在 CSS 中，网页元素的背景颜色使用 background-color 属性来设置。

实际工作中常用以下 3 种方式来设置颜色：

- 颜色值，例如 red、yellow。
- #十六进制色值，例如#ccc。
- 通过引入 RGBA 模式设置背景的不透明度，例如 rgb(30,0,0)。

例如使用 RGBA 模式为 p 元素指定透明度为 0.5，颜色为红色的背景，代码如下：

```
p{background-color:rgba(255,0,0,0.5);}
```

2. 设置对象透明度（opacity）

语法：opacity:opacityValue;

opacity 属性用于定义元素的不透明度，参数 opacityValue 表示不透明度的值，是一个介于 0～1 之间的浮点数值。其中，0 表示完全透明，1 表示完全不透明，而 0.5 则表示半透明。

3. 设置背景图像（background-image）

在 CSS 中，还可以将图像作为网页元素的背景，通过 background-image 属性实现，需要用 URL 指定背景图片的路径。例如：

```
body{
    background-color: red;
    background-image: url(img/wish.jpg);
}
```

4. 设置背景图像平铺

默认情况下，背景图像会自动向水平和垂直两个方向平铺。如果不希望背景图像平铺或者只沿着一个方向平铺，可以通过 background-repeat 属性来控制。

- repeat：沿水平和垂直两个方向平铺（默认值）。
- no-repeat：背景图像不平铺（图像只显示一个并位于页面的左上角）。
- repeat-x：只沿水平方向平铺。
- repeat-y：只沿垂直方向平铺。

例如：

```
p{background-repeat:repeat-x;}
```

5. 设置背景图像位置（background-position）

在 CSS 中可以使用 background-position 属性来设置背景图片的位置，当背景图片的平铺属性设置为 no-repeat 时就可以使用此属性来对背景图片进行定位。

background-position 属性的值通常设置为两个，中间用空格隔开，用于定义背景图像在标签的水平和垂直方向的坐标。

background-position 属性的取值有多种，具体如下：

（1）使用不同单位（最常用的是像素 px）的数值直接设置图像左上角在标签中的坐标。

（2）使用预定义的关键字指定背景图像在标签中的对齐方式。

- 水平方向值：left、center、right。
- 垂直方向值：top、center、bottom。

两个关键字的顺序任意，若只有一个值，另一个则默认为 center，例如：

center：相当于 center center（居中显示）。

top：相当于 center top（水平居中、上对齐）。

（3）使用百分比，按背景图像和标签的指定点对齐。

0%：表示图像左上角与标签的左上角对齐。

50%：表示图像 50%的中心点与标签 50%的中心点对齐。

例如：

```
p{
    background-repeat:no-repeat;
    background-position:100px 200px;
}
```

6. 设置背景图像固定（background-attachment）

在 CSS 中可以使用 background-attachment 属性来设置背景图片是否随着页面滚动而滚动。background-attachment 属性有两个属性值，分别代表不同的含义，如下：

- scroll：图像随页面一起滚动（默认值）。
- fixed：图像固定在屏幕上，不随页面滚动。

以上属性是 CSS2 中的背景属性，下面用实例来看一下它们的设置效果。

【Example4-5.html】

```
<!DOCTYPE html>
<html>
    <head>
            <meta charset="UTF-8">
            <title>背景基础属性</title>
            <style type="text/css">
                    div{
                            width:300px;
                            height:300px;
                            margin:100px auto;
                            border:1px solid red;
                            background-color: yellow;
                            background-image: url(img/wish.jpg);
                            background-repeat:no-repeat;
                            background-position: center;
                    }
            </style>
    </head>
    <body>
            <div></div>
    </body>
</html>
```

在本例中，设置 div 对象的背景颜色为黄色，背景图片为 img 文件夹下的 wish.jpg 文件，不重复平铺，图片位置在 div 对象的水平与垂直方向的中间位置，效果如图 4-11 所示。

图 4-11　基础背景属性

7. 设置背景图像大小

运用 CSS3 中的 background-size 属性可以轻松控制背景图像的大小。

基本语法格式如下：

```
background-size:属性值 1  属性值 2;
```

background-size 属性可以设置一个或两个值来定义背景图像的宽度和高度。其中属性值 1 为必选属性值，属性值 2 为可选属性值。属性值可以是像素值、百分比或 cover、contain 关键字。

- 像素值：设置背景图像的高度和宽度。第一个值设置宽度，第二个值设置高度。如果只设置一个值，则第二个值会默认为 auto。
- 百分比：以父标签的百分比来设置背景图像的宽度和高度。第一个值设置宽度，第二个值设置高度。如果只设置一个值，则第二个值会默认为 auto。
- cover：把背景图像扩展至足够大，使背景图像完全覆盖背景区域。背景图像的某些部分也许无法显示在背景定位区域中。
- contain：把图像扩展至最大尺寸，以使其宽度和高度完全适应内容区域。

8. 设置背景的显示区域

运用 CSS3 中的 background-origin 属性可以自行定义背景图像的相对位置。

background-origin 属性有以下 3 种取值：

- padding-box：背景图像相对于内边距区域来定位。

- border-box：背景图像相对于边框来定位。
- content-box：背景图像相对于内容框来定位。

9. 设置背景图像的裁剪区域

在 CSS 样式中，background-clip 属性用于定义背景图像的裁剪区域。

background-clip

在语法格式上，background-clip 属性和 background-origin 属性的取值相似，但含义不同。

- border-box：默认值，从边框区域向外裁剪背景。
- padding-box：从内边距区域向外裁剪背景。
- content-box：从内容区域向外裁剪背景。

10. 设置多重背景图像

在 CSS3 中，通过 background-image 可以设置多重背景，并结合 background-repeat、background-position 和 background-size 等多个属性实现效果，各属性值用逗号分隔。

【Example4-6.html】

```
<!DOCTYPE html>
<html>
    <head>
        <meta charset="UTF-8">
        <title>多重背景设置</title>
        <style type="text/css">
            div{
                width:600px;
                height:300px;
                margin:100px auto;
                border:1px solid darkblue;
                background-image: url(img/star.png),url(img/moon.png),url(img/cloud.png);
                background-repeat:no-repeat;
                background-size:10%,50%,80%;
                background-position:60% 60%,40% 50%,50% center;
            }
        </style>
    </head>
    <body>
        <div></div>
    </body>
</html>
```

在本例中，设置 div 对象的背景图片有 4 张，所有背景图片不重复平铺，运用 background-size 设置其中 3 张图片的大小，运用背景位置属性设置各个图片的具体位置，效果如图 4-12 所示。

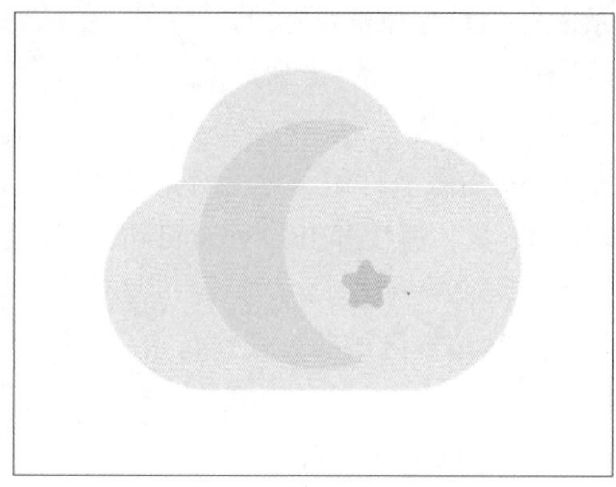

图 4-12　多重背景图片

### 11. 背景复合属性

CSS 中的背景属性也是一个复合属性，可以将背景相关的样式都综合定义在一个复合属性 background 中。语法如下：

```
background:
    [background-color]
    [background-image]
    [background-repeat]
    [background-attachment]
    [background-position] / [background-size]
    [background-origin]
    [background-clip];
```

其中属性的顺序没有要求，所有属性用空格分隔，不需要设置的属性可以省略，但 background-position 和 background-size 两个属性值一定要用斜杠分隔，即把这两个属性当作一个属性来定义。

【Example4-7.html】

```
<!DOCTYPE html>
<html>
    <head>
        <meta charset="UTF-8">
        <title>背景基础属性</title>
        <style type="text/css">
            div{
                width:300px;
                height:300px;
                margin:100pxauto;
                border:1pxsolid red;
                background-color: yellow;
                background-image: url(img/wish.jpg);
                background-repeat:no-repeat;
                background-position: center;
```

```
				background-size:50%;

				/*复合写法*/
				background: yellow url(img/wish.jpg) no-repeat center/50%;
			}
		</style>
	</head>
	<body>
		<div></div>
	</body>
</html>
```

效果如图 4-13 所示。

图 4-13　背景复合写法效果

## 二、渐变背景属性

在 CSS3 之前如果需要添加渐变效果，通常要通过设置背景图像来实现。而 CSS3 中增加了渐变属性，可以轻松实现渐变效果。

1. 线性渐变

线性渐变

在线性渐变过程中，起始颜色会沿着一条直线按顺序过渡到结束颜色。运用 CSS3 中的“background-image:linear-gradient(参数值);”样式可以实现线性渐变效果。

语法：

```
background-image:linear-gradient(渐变角度,颜色值 1,颜色值 2,...,颜色值 n);
```

- linear-gradient：用于定义渐变方式为线性渐变，括号内用于设定渐变角度和颜色值。
- 渐变角度：指水平线和渐变线之间的夹角，可以是以 deg 为单位的角度数值或相应的关键词。
- 颜色值：用于设置渐变颜色，“颜色值 1”表示起始颜色，“颜色值 n”表示结束颜色，起始颜色和结束颜色之间可以添加多个颜色值，各颜色值之间用“,”隔开。

2. 径向渐变

径向渐变是网页中另一种常用的渐变，在径向渐变过程中，起始颜色会从一个中心点开始，依据椭圆或圆形形状进行扩张渐变。运用 CSS3 中的“background-image:radial-gradient(参数值);”样式可以实现径向渐变效果。

径向渐变

语法：

```
background-image:radial-gradient(渐变形状 圆心位置,颜色值 1,颜色值 2,...,颜色值 n);
```

- radial-gradient：用于定义渐变的方式为径向渐变，括号内的参数值用于设定渐变形状、圆心位置和颜色值。
- 渐变形状：用来定义径向渐变的形状，其取值既可以是定义水平和垂直半径的像素值或百分比，也可以是相应的关键词。
    - ➢ ellipse（默认）：指定椭圆形的径向渐变。
    - ➢ circle：指定圆形的径向渐变。
- 圆心位置：用于确定元素渐变的中心位置，使用 at 加上关键词或参数值来定义径向渐变的中心位置，如 circle at center。
- 颜色值：用于设置渐变颜色，“颜色值 1”表示起始颜色，“颜色值 n”表示结束颜色，起始颜色和结束颜色之间可以添加多个颜色值，各颜色值之间用“,”隔开。

【Example4-8.html】

```
<!DOCTYPE html>
<html>
    <head>
        <meta charset="UTF-8">
        <title>渐变背景</title>
        <style type="text/css">
            div{width:500px;height:200px;margin:20px;}
            .box1{
                background-image:linear-gradient(30deg,blue,red);
            }
            .box2{
                background-image: radial-gradient(circle at top center,blue,red);
            }

        </style>
    </head>
    <body>
        <div class="box1"></div>
        <div class="box2"></div>
    </body>
</html>
```

本例中运用两种不同的渐变属性，box1 对象设置了 30 度角的蓝色到红色的线性渐变效果，box2 对象设置了一个圆形的径向渐变效果，如图 4-14 所示。

图 4-14　渐变背景效果

3. 重复线性渐变

在网页设计中，经常会遇到在一个背景上重复应用渐变模式的情况，这时就需要使用重复渐变。在 CSS3 中，通过“background-image:repeating-linear-gradient(参数值);”样式可以实现重复线性渐变的效果。

语法：

```
background-image:repeating-linear-gradient(渐变角度,颜色值 1,颜色值 2,...,颜色值 n);
```

在网页设计中，也经常会遇到在一个背景上重复应用径向渐变模式的情况，这时就需要使用重复径向渐变。在 CSS3 中，通过“background-image:repeating-radial-gradient(参数值);”样式可以实现重复径向渐变的效果。

语法：

```
background-image:repeating-radial-gradient(渐变形状 圆心位置,颜色值 1,颜色值 2,...,颜色值 n);
```

【Example4-9.html】

```
<!DOCTYPE html>
<html>
    <head>
        <meta charset="UTF-8">
        <title>重复渐变背景</title>
        <style type="text/css">
            div{width:200px;height:200px;margin:20px;}
            .box1{
                background-image:repeating-linear-gradient(to right,red 0%,blue 5%,yellow 10%);
            }
            .box2{
                background-image:repeating-radial-gradient(circle at center center,
                    red 0%,blue 5%,yellow 10%);
            }
        </style>
```

```
    </head>
    <body>
        <div class="box1"></div>
        <div class="box2"></div>
    </body>
</html>
```

本例中运用两种不同的重复渐变属性，box1 对象设置了从左到右重复的红色到黄色的线性渐变效果，box2 对象设置了一个圆形的重复径向渐变效果，如图 4-15 所示。

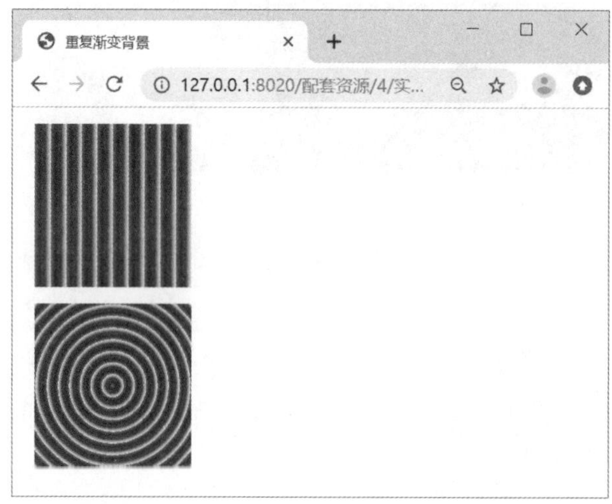


图 4-15　重复渐变背景效果

## 实现步骤

案例详情页-1

（1）打开 web 项目中的 case.html 文件，将文件另存为 caseinfo.html，并设置网页标题为“项目 4-任务 2-案例展示详情”，删除<main>标签中的源码。

（2）在<main>标签中添加网页结构内容，并为网页对象设置 class 名称，以便进行样式控制，具体代码如下：

```
<main>
        <section id="showinfo">
            <h4>室内设计-现代简约-详情介绍</h4>
            <p>本案例是一个 65m2 的小户型，经过几次的讨论，客户接受了空间置换的设计理念，就这样开始了筑梦之路。
            客厅没有进行过多的装饰，让自然光肆意挥洒，皮质的沙发、精致的布艺，呈现出一幅恬静的画面。
            客厅厨房相互融合，木质的本色与石材激情碰撞，别具格调。岛台的设计，完美地契合家庭活动。
            卧室冷色与暖色相结合，再搭配上精致的壁灯和摆件，令空间更干净、高级。也许这就是家的定义，就是设计存在的意义。</td>
            </p>
        </section>
        <section id="photo">
                <p class="one">秦姐姐偏爱木材的质感，在几套房子的装修中从来没有变
```

```
过，于是大地色系的美式风格成了这套房子的首选。
                北美民风淳朴、热情奔放，建筑一般都质朴简洁，没有欧式的烦琐及矫揉造作。在这套房子的设计中，亲近自然远比超越自然更重要。</p>
            <img src="img/xgt1.png"/>
            <p class="two">秦姐姐偏爱木材的质感，在几套房子的装修中从来没有变过，于是大地色系的美式风格成了这套房子的首选。
                北美民风淳朴、热情奔放，建筑一般都质朴简洁，没有欧式的烦琐及矫揉造作。在这套房子的设计中，亲近自然远比超越自然更重要。</p>
            <img src="img/xgt2.png"/>
            <p class="three">秦姐姐偏爱木材的质感，在几套房子的装修中从来没有变过，于是大地色系的美式风格成了这套房子的首选。
                北美民风淳朴、热情奔放，建筑一般都质朴简洁，没有欧式的烦琐及矫揉造作。在这套房子的设计中，亲近自然远比超越自然更重要。</p>
            <img src="img/xgt3.png"/>
        </section>
        </main>
```

（3）在 case.css 文件中添加各对象的样式，具体代码如下：

```
#show .para{background: url(../img/icon1.png) no-repeat 10px center;padding-left:30px;}
#showinfo{
        width:1000px;
        margin:auto;
        border:10px solid #999;
        line-height:40px;
        text-indent:2em;
        padding:30px;
        border-radius:10px 30px;
        background-color:rgba(255,220,255,0.5);
        background-image: url(../img/sign.png);
        background-repeat:no-repeat;
        background-position:right top;
        background-size:10%;
        background-origin:content-box;
        box-sizing:border-box;
    }
#photo{text-align: center;}
.one,.two,.three{
            text-align:left;
            width:1000px;margin:auto;padding:20px;
            text-indent:2em;
            border:2pxsolid#999;
            margin-top:20px;line-height:2em;
            background:rgba(153,51,255,0.3);
            background-clip:content-box;
            color:#333;
            margin-bottom:50px;
        }
.two{
        background:linear-gradient(to right,rgba(255,0,102,0.2),rgba(255,0,255,0.8));
        box-shadow:6px6px0grey;
    }
.three{background: radial-gradient(rgba(153,51,255,0.3),rgba(153,204,255,1));}
```

案例详情页-2

（4）保存后浏览 caseinfo.html 页面，部分主体效果如图 4-16 所示。

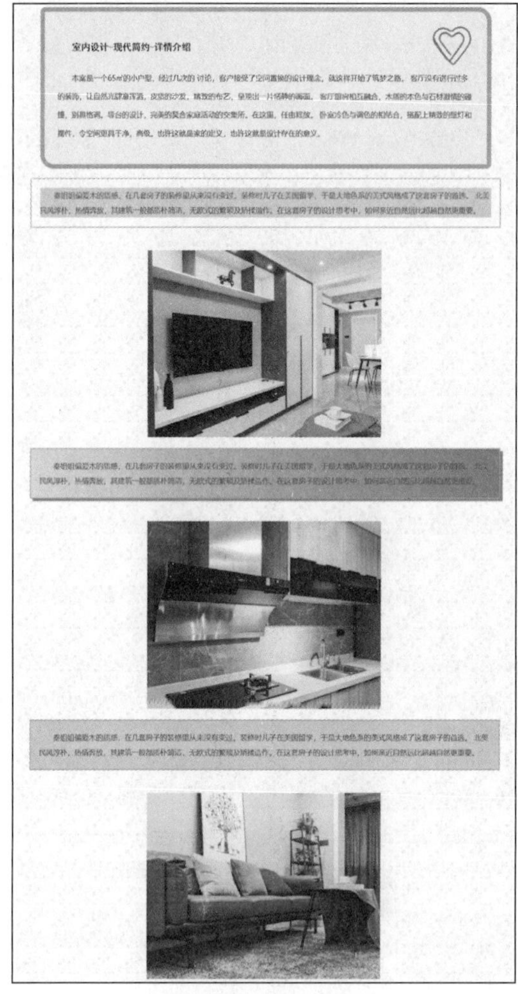

图 4-16　部分主体效果

## 思考与练习

### 一、单选题

1．以下选项中（　　）是设置对象的上下内边距为 10px、左右内边距为 20px 的正确样式规则。

A．margin:10px 20px;　　B．padding:20px 10px 20px;

C．padding:10px 20px 10px 20px;　　D．padding:20px 10px;

2．如果要设置一个单元格向右跨列的个数，应设置 td 标签的（　　）属性值。

A．rowspan　　B．colspan　　C．align　　D．valign

3．box-shadow 语法规则中，第 1 个长度值用来设置对象的阴影（　　）。

A．水平偏移值　　B．垂直偏移值　　C．模糊值　　D．外延值

4．定义左上角圆角边距的正确样式属性是（　　）。

A．border-top-left-radius　　B．border-left-top-radius

C．top-left-border-radius　　D．left-top-border-radius

5．background-size 属性值设置为（　　），代表把图像扩展至最大尺寸，以使其宽度和高度完全适应内容区域。

A．length　　B．percentage　　C．cover　　D．contain

6．（　　）属性可用来设置网页元素的背景颜色。

A．background-image　　B．background-repeat

C．background-color　　D．background-position

7．在 CSS3 中，通过 background-image、background-repeat、background-position 和 background-size 等属性提供的多个属性值可以实现多重背景图像效果，对于每组背景图片各属性值之间应用（　　）隔开。

A．空格　　B．逗号　　C．*　　D．分号

8．（　　）属性可用来设置网页元素的背景图片。

A．background-size　　B．background-repeat

C．background-image　　D．background-position

9．设置 background-image 的属性值为（　　）可以实现背景的线性渐变效果。

A．linear-gradient　　B．radial-gradient

C．repeating-gradient　　D．no-repeat

10．要实现背景图片的横向平铺效果，对应的 CSS 应为（　　）。

A．div{backgroud-image:url(images/bg.gif);}

B．div{backgroud-image:url(images/bg.gif) repeat-x;}

C．div{backgroud-image:url(images/bg.gif) repeat-y;}

D．div{backgroud-image:url(images/bg.gif) no-repeat;}

11．CSS 样式 background-position:-5px 10px 表示（　　）。

A．背景图片向左偏移 5px，向下偏移 10px

B．背景图片向左偏移 5px，向上偏移 10px

C．背景图片向右偏移 5px，向下偏移 10px

D．背景图片向右偏移 5px，向上偏移 10px

## 二、多选题

1．border-radius 属性的可取值包括（　　）。

A．length（具体长度）　　B．percentage（百分比）

C．color　　D．size

2．background-origin 属性可以自行定义背景图像的相对位置，其可取属性值包括（　　）。

A．padding-box（背景图像相对于内边距区域来定位）

B．border-box（背景图像相对于边框来定位）

C．content-box（背景图像相对于内容框来定位）

D．margin-box（背景图像相对于外边框来定位）

## 三、填空题

1．margin 属性用来设置对象 4 条边的外边距，如果提供 4 个参数，第 1 个作用于________边，第 2 个作用于________边，第 3 个作用于________边，第 4 个作用于________边。

2．要想设置表格边框合并为单一的边框，应设置表格对象的________属性，属性值为________。

3．为网页对象设置 box-sizing 属性时，值为________时代表 padding 和 border 不被包含在定义的 width 和 height 之内。

## 四、判断题

（　　）text-shadow 设置元素文本阴影，box-shadow 实现对象的阴影效果。

## 五、操作题

在教学平台上的资料栏目中下载素材，对源码中的对象进行样式设置，最终效果如图 4-17 所示。

图 4-17　思考与练习效果图

# 项目 5　建立表单类网页

## 项目导读

表单在网页中主要负责数据采集。表单对于用户而言是数据录入和提交的界面，而对于网站而言则是获取用户信息的途径。表单作为网页中与用户接触最直接、最频繁的页面元素，其在网站用户体验中占有非常重要的位置。表单也经常用于用户注册、登录、留言等，是吸引新用户、留住新用户的重要工具，是网站中不可缺少的模块。本项目完成公司“在线留言”网页的制作，分为表单页建立和表单页验证两个子任务，主要介绍表单标签及属性、表单元素标签及属性和 HTML5 新增表单元素及属性。

## 任务1　表单页建立

### 任务目标

知识目标

- 掌握表单标签及属性含义。
- 掌握表单元素的标签及属性含义。
- 了解表单页的建立步骤和表单执行流程。

能力目标

- 能综合利用表单及表单对象进行表单交互页的制作。

### 任务效果

运用表单标签完成“留言页面”的制作，效果如图 5-1 所示。

图 5-1　表单页内容效果图

## 相关知识

表单及表单属性

### 一、表单及表单属性

表单在网页中主要负责数据采集。一个表单有以下 3 个基本组成部分：

（1）表单标签：包含处理表单数据所用 CGI 程序的 URL 和数据提交到服务器的方法。

（2）表单域：包含文本框、密码框、隐藏域、多行文本框、复选框、单选按钮、下拉选择框和文件上传框等。

（3）表单按钮：包括提交按钮、复位按钮和一般按钮，用于将数据传送到服务器上的 CGI 脚本或者取消输入，还可以用表单按钮来控制其他定义了处理脚本的处理工作。

1. 表单建立步骤

（1）确定要搜集的数据，即确定表单需要搜集用户的哪些数据。

（2）建立表单，根据上一步的要求选择合适的元素创建表单。

（3）设计表单处理程序，用于接收浏览者通过表单所输入的数据并将数据进行进一步处理。

2. 表单的定义

定义方法如下：

```
<form>表单标签
```

该标签的主要作用是设定表单的起始位置，并指定处理表单数据程序的 URL 地址，表单所包含的元素就在<form>与</form>之间定义。

基本语法：

```
<form action=url method=[get/post] name=value target="目标窗口">
…
</form>
```

（1）处理程序 action。

语法：<form action="表单的处理程序">…</form>

真正处理表单的数据脚本或程序在 action 属性中，action 值可以是程序或脚本的一个完整 URL。

在该语法中，表单的处理程序定义的是表单要提交的地址，也就是表单中收集到的资料要传递的程序地址。该地址可以是绝对地址，也可以是相对地址，还可以是一些其他的地址形式，例如 E-mail 地址等。

（2）表单的名称 name。

语法：<form name="表单名称">…</form>

名称属性 name 用于给表单命名，这一属性不是表单的必需属性，但是为了防止表单信息在提交到后台处理程序时出现混乱，一般要设置一个与表单功能相符合的名称，例如注册页面的表单可以命名为 register。不同的表单尽量不用相同的名称，以避免混乱。

表单名称中不能包含特殊符号和空格。

（3）传送方法 method。

语法：<form method="传送方式">…</form>

表单的 method 属性用来定义处理程序从表单中获得信息的方式，可取值为 get 或 post，它决定了表单中已收集的数据是用什么方法发送到服务器的。

- method=get：使用这个设置时，表单数据会被视为 CGI 或 ASP 的参数发送，来访者输入的数据会附加在 URL 之后，由用户端直接发送至服务器，速度会比 post 快，缺点是数据长度不能够太长。
- method=post：使用这个设置时，表单数据是与 URL 分开发送的，用户端的计算机会通知服务器来读取数据，所以通常没有数据长度上的限制，缺点是速度会比 get 慢。

在没有指定 method 的情况下，一般都会视 get 为默认值。

（4）目标显示 target。

语法：<form target="目标窗口的打开方式">…</form>

target 属性用来指定目标窗口的打开方式。表单的目标窗口往往用来显示表单的返回信息，例如是否成功提交了表单的内容、是否出错等。

目标窗口的打开方式包含 4 个取值：_blank、_parent、_self 和 _top。其中_blank 是指将返回的信息显示在新打开的窗口中；_parent 是指将返回信息显示在父级浏览器窗口中；_self 表示将返回信息显示在当前浏览器窗口中；_top 表示将返回信息显示在顶级浏览器窗口中。

## 二、表单元素及属性

表单元素介绍

按照元素的填写方式表单元素可以分为输入类和菜单列表类。输入类的元素一般以 input 标记开始，说明这一元素需要用户的输入；菜单列表类则以 select 开始，表示用户需要选择。

按照元素的表现形式可以将元素分为文本类、选项按钮、菜单等。

在 HTML 表单中，input 参数是最常用的元素标记，包括最常见的文本域、按钮都是采用这个标记。

这个标记的基本语法是：

```
<form>
    <input name="元素名称" type="元素类型">
</form>
```

在这里，“元素名称”是为了便于程序对不同元素的区分，而 type 参数则是确定了这一个元素域的类型，type 属性及说明如表 5-1 所示。

表 5-1　input 元素的 type 属性及说明

| 属性 | 说明 |
| --- | --- |
| input type="text" | 单行文本输入框 |
| input type="password" | 密码输入框（输入的文字用*表示） |
| input type="radio" | 单选按钮 |
| input type="checkbox" | 复选框 |
| input type="button" | 普通按钮 |
| input type="submit" | 将表单内容提交给服务器的按钮 |
| input type="reset" | 将表单内容全部清除，重新填写的按钮 |
| input type="image" | 图形域，又称图像按钮 |
| input type="hidden" | 隐藏域，隐藏域将不显示在页面上，只将内容传递到服务器中 |
| input type="file" | 文件域 |

基本语法：

```
<input 属性 1 属性 2…/>
```

常用属性如下：

- name：元素名称。
- type：元素的类型，如 radio、text 等。
- align：指定对齐方式，可取值为 top、bottom、middle。
- size：指定元素的宽度。
- value：用于设定输入默认值。
- maxlength：在单行文本时允许输入的最大字符数。
- src：插入图像的地址。

（1）单行文本输入框（input type="text"）。

语法：<input type="text" name=field_name maxlength=value size=value value=field_value />

示例：姓名：<input type="text" name="username"/>

效果如图 5-2 所示。

姓　　名：

图 5-2　文本框

（2）密码输入框（input type="password"）。

语法：<input type="password" name="元素名称" size="元素的长度" maxlength="最长字符数" value="密码域的默认取值">

在网页中有一种特殊的文本字段，它在页面中的效果和文本字段相同，但是当用户输入文字时这些文字只显示“●”，这种元素被称为密码域。

示例：密码：<input type="password" name="password"/>

效果如图 5-3 所示。

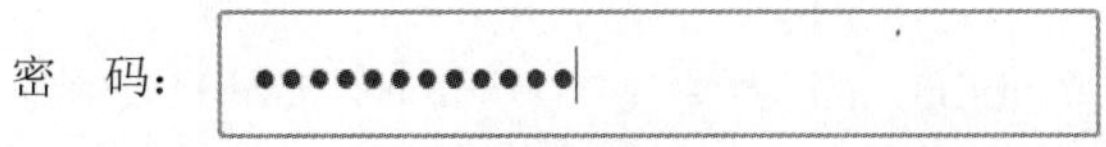

密　码：●●●●●●●●●●●●

图 5-3　密码框

（3）单选按钮（input type="radio"）。

语法：<input type="raido" value="单选按钮的取值" name="单选按钮名称" checked>

单选按钮用来让浏览者进行单一选择，页面中以圆框表示。在单选按钮元素中必须设置参数 value 的值。而对于一个选择中的所有单选按钮来说，往往要设定同样的一个名称，这样在传递时才能更好地对某一个选择内容的取值进行判断。

在该语法中，checked 属性表示这一单选按钮默认被选中，而在一个单选按钮组中只能有一个单选按钮元素被设置为 checked。value 则用来设置用户选中该项目后传送到处理程序中的值。

示例：负责人类型：<input type="radio" name="type1" checked=checked/>

效果如图 5-4 所示。

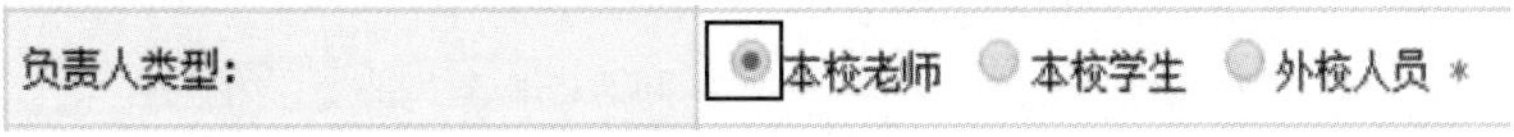

| 负责人类型： | 本校老师　本校学生　外校人员 * |
|---|---|

图 5-4　单选按钮

（4）复选框（input type="checkbox"）。

语法：<input type="checkbox" value="复选框的值" name="名称" checked>

在网页设计中，有一些内容需要让浏览者以选择的形式填写，选择的内容可以是一个，也可以是多个，这时就需要使用复选框元素 checkbox。复选框在页面中以一个方框来表示。checked 参数表示该选项在默认情况下已经被选中，一组选择中可以有多个复选框被选中。

示例：下次自动登录<input type=" checkbox"checked=checked/>

效果如图 5-5 所示。

下次自动登录

登录

图 5-5　复选框

（5）普通按钮。

语法：<input type="button" name="按钮名" value="按钮的取值" onclick="处理程序">

在网页中按钮也很常见，在提交页面、恢复选项时经常用到。普通按钮一般情况下要配合脚本来进行表单处理。value 的取值就是显示在按钮上面的文字，而在 button 中可以通过添加 onclick 参数来实现一些特殊的功能，onclick 参数是设置当鼠标按下按钮时所进行的处理。

（6）提交按钮。

语法：<input type="submit" name="按钮名" value="按钮的取值">

提交按钮是一种特殊的按钮，不需要设置 onclick 参数，在单击该类按钮时可以实现表单内容的提交，每一个表单必须有且只有一个提交按钮，value 同样用来设置按钮上显示的文字。

（7）重置按钮（input type="reset"）。

语法：<input type="reset" value="按钮的取值" name="按钮名">

在页面中还有一种特殊的按钮，称为重置按钮。这类按钮可以用来清除用户在页面中输入的信息。value 同样用来设置按钮上显示的文字。

（8）图片式提交按钮（input type="image"）。

语法：<input type="image" src="图片路径" alt="提交" name="value">

type="image"相当于 input type="submit"，不同的是，input type="image"以一个图片作为表单的按钮；src 属性表示图片的路径；alt 属性表示鼠标指针在图片上悬停时显示的说明文字；name 为按钮名称。

（9）隐藏域（input type="hidden"）。

语法：<input type="hidden" name="隐藏域名称" value="提交的值">

表单中的隐藏域主要用来传递一些参数，而这些参数不需要在页面中显示。当浏览者提交表单时，隐藏域的内容会一起提交给处理程序。

（10）文件域（input type="file"）。

语法：<input type="file" name="value">

文件域在上传文件时经常用到，它用于查找硬盘中的文件路径，然后通过表单将选中的文件上传，在设置电子邮件的附件、上传头像、发送文件时经常会看到这一元素，如图 5-6 所示。

项目文档： 选择文件 《网页制作技术》...大纲.docx

图 5-6 文件域

（11）列表项。

语法：

```
<select name="name" size="value" multiple>
<option value="value" selected>选项 1</option>
<option value="value">选项 2</option>
…
</select>
```

通过<select>和<option>标签可以设计页面中的下拉列表框和列表框，效果如图 5-7 所示。

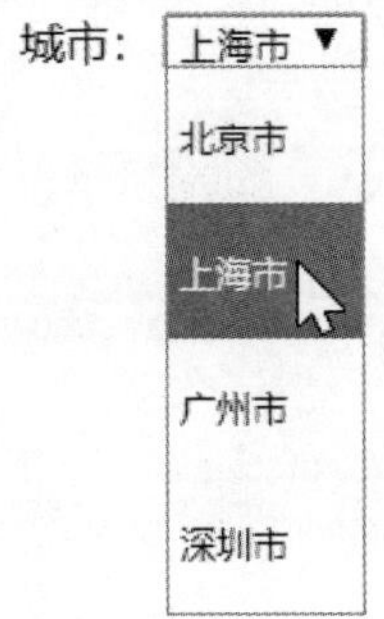


图 5-7 下拉列表框

列表框标签属性如表 5-2 所示。

**表 5-2 列表框标签属性**

| 属性 | 说明 |
|---|---|
| name | 菜单和列表的名称 |
| size | 显示选项的数目，当 size 为 1 时为下拉列表框元素 |
| multiple | 列表中的项目可多选，用户用 Ctrl 键来实现多选 |
| value | 选项值 |
| selected | 默认选项 |

（12）文本域标记 textarea。

语法：<textarea name="文本域名称" value="文本域默认值" rows="行数" cols="列数"></textarea>

可以添加多行文字，从而可以输入更多的文本。

在该语法中，rows 是指文本域的行数，也就是高度值，当文本内容超出这一范围时会出现滚动条；cols 是指文本域的列数，也就是宽度值。文本域标签属性如表 5-3 所示。

表 5-3　文本域标签属性

| 属性 | 说明 | 属性 | 说明 |
|---|---|---|---|
| name | 多行输入框的名称 | rows | 多行输入框的行数 |
| cols | 多行输入框的列数 | value | 多行输入框的默认值 |

示例：<textarea rows="5" cols="20">文本区域</textarea>

效果如图 5-8 所示。

图 5-8　文本框

（13）表单边框。

语法：

```
<form>
    <fieldset>
    < legend>说明文字</ legend>
    …
    </fieldset>
</form>
```

可以使用<fieldset></fieldset>标签将指定的表单字段框起来，还可以使用<legend></legend>标签在方框的左上角填写说明文字。

（14）综合应用实例。

【Example5-1.html】

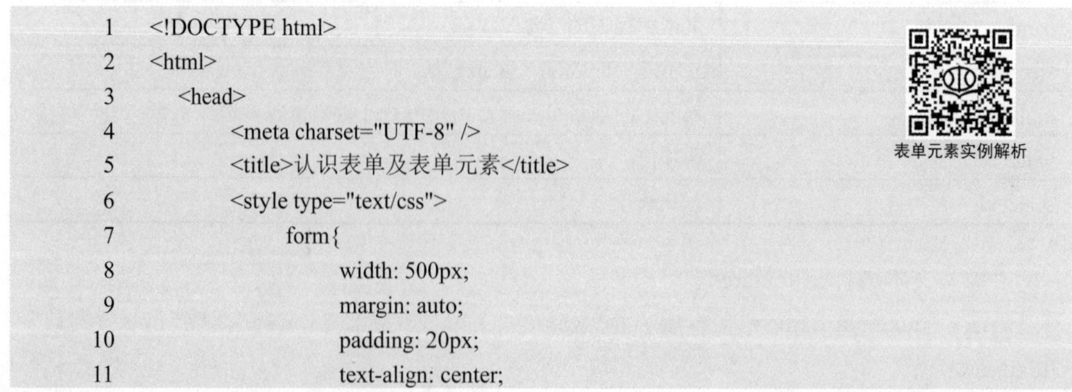


```
<!DOCTYPE html>
<html>
    <head>
        <meta charset="UTF-8" />
        <title>认识表单及表单元素</title>
        <style type="text/css">
            form{
                width: 500px;
                margin: auto;
                padding: 20px;
                text-align: center;
```

```
            }
        </style>
    </head>
    <body>
        <form action="http://www.baidu.com/s" target="_blank" method="get" name="search">
            <fieldset>
            <legend>百度搜索</legend>
            <span>请输入搜索关键字：</span>
                <input name="wd" type="text" />
                <input name="submit" type="submit" value="百度搜索" />
            </fieldset>
        </form>
    </body>
</html>
```

在本例中，运用表单向 http://www.baidu.com/s 页面提交了表单中文本框对象 wd 的值，实现了信息的提交，页面效果如图 5-9 所示。

图 5-9　百度搜索实例

表单建立

## 实现步骤

（1）打开 web 项目中的 newsinfo.html 文件，将文件另存为 message.html，并设置网页标题为“项目 5-任务 1-在线留言”。

（2）删除原有文件 main 模块中的源码，保留原有的 header 模块和 footer 模块代码。

（3）在<main>标签中新建页面表单及表单元素，具体代码如下：

```
<main>
    <form action="succ.html"   name="theform" target="_self" style="width: 800px;margin: auto;">
        <p>尊敬的客户：如果您需要了解我们的产品和得到我们的服务，敬请留下宝贵的意见和建议，我们将给予您最快的答复。谢谢您的支持与参与!<br/>
            售后服务邮箱：<a href="mailto:99150752@qq.com">99150752@qq.com</a></p>
    <fieldset>
        <legend>客户留言</legend>
        <p>您的姓名：<input type="text" name="username"/></p>
        <p>您的性别：
            <input type="radio" name="sex" value="male" checked="checked" />男
            <input type="radio" name="sex" value="female" />女
        </p>
        <p>客户类型：<select name="type">
                <option value="0" selected>请选择</option>
                <option value="1">代理</option>
                <option value="2">用户</option>
                <option value="3">公司</option>
                <option value="4">其他</option>
```

```
                    </select>
                </p>
                <p>联系电话：<input type="text" name="tel"></p>
                <p>电子邮箱：<input type="text" name="useremail" /></p>
                <p>设计调查：
                    <input type="checkbox" value="室内设计" name="case" />室内设计
                    <input type="checkbox" value="景观设计" name="case" />景观设计
                    <input type="checkbox" value="家居定制" name="case" />家居定制
                    <input type="checkbox" value="其他" name="case" />其他
                                    （请选择你近期想要沟通的项目）
                </p>
                <p>留言标题：<input type="text"  size="30" name="title"/></p>
                <p>留言内容：<textarea cols="50" rows="6" name="content"></textarea></p>
                <p>附    件：<input type="file" name="filename"/></p>
                <p>
                    <input type="submit" value="提交" />
                    <input type="reset"  value="重填" />
                </p>
            </fieldset>
        </form>
</main>
```

添加表单及元素后的效果如图5-10所示。

图5-10　添加表单及表单元素后的效果

# 任务2　表单页验证

## 任务目标

### 知识目标

- 熟练应用各类样式美化表单及表单对象。
- 掌握 HTML5 中新增表单元素和表单验证相关属性及属性值及其应用技巧。

### 能力目标

- 能综合利用各类样式对表单及表单对象进行美化。
- 能综合利用 HTML5 新增表单元素及表单验证相关属性进行页面交互制作。

## 任务效果

运用样式对页面对象进行表单设置，并进行表单验证相关页面的交互制作，效果如图5-11 所示。

尊敬的客户： 如果您需要了解我们的产品和得到我们的服务，敬请留下宝贵的意见和建议，我们将给予您最快的答复。谢谢您的支持与参与!
售后服务邮箱：99150752@qq.com
客户留言
您的姓名：请输入你的姓名
请填写此字段。
您的性别：男 女
客户类型：请选择
联系电话：请输入11位电话号码
电子邮箱：
设计调查：室内设计 景观设计 家居定制 其他（请选择你近期想要沟通的项目）
留言标题：请输入留言标题
留言内容：
附　　件：选择文件 未选择任何文件
提交　重值

图5-11　表单页验证效果

## 相关知识

新增表单元素

### 一、新增常用元素类型

1. input 类型——email

email 输入类型用于包含 e-mail 地址的输入域。在提交表单时会自动验证 email 域的值，必须符合 email 格式才能通过验证并提交。

示例：<input type="email" name="useremail" />

效果如图 5-12 所示。

图 5-12　电子邮件验证

2. input 类型——url

url 输入类型用于包含 URL 地址的输入字段。会在提交表单时对 url 字段的值自动进行验证。

示例：<input type="url" name="user_url" />

效果如图 5-13 所示。

图 5-13　网址验证

3. input 类型——number

number 输入类型用于包含数字值的输入字段。可以设置可接收数字的限制，可用表 5-4 所示的属性来为 number 类型规定限制。

表 5-4　number 类型属性

| 属性 | 值 | 描述 |
| --- | --- | --- |
| max | number | 规定允许的最大值 |
| min | number | 规定允许的最小值 |
| step | number | 规定合法的数字间隔（如果 step="2"，则合法的数是 2、4、6 等） |
| value | number | 规定默认值 |

示例：<input type="number" name="points" min="0" max="10" step="3" value="6" />

效果如图 5-14 所示。

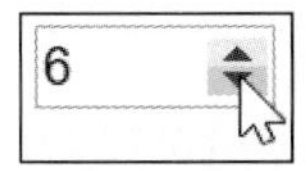


图 5-14　number 类型

4. input 类型——range

range 输入类型用于包含一定范围内数字值的输入域。range 类型显示为滑动条，可以设定对所接收数字的限定，属性可见表 5-4 中关于 number 类型的属性设置。

示例：<input type="range" name="points" min="1" max="10" />

效果如图 5-15 所示。

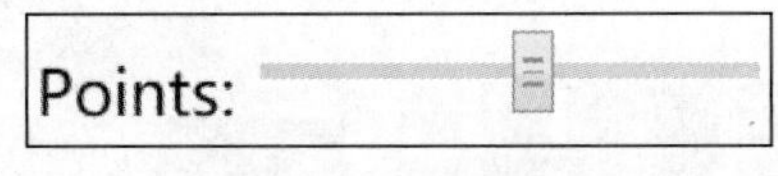


图 5-15　range 类型

5. input 类型——date

HTML5 拥有多个可供选取日期和时间的新输入类型，如下：

- date：选取日、月、年。
- month：选取月、年。
- week：选取周和年。
- time：选取时间（小时和分钟）。
- datetime：选取时间、日、月、年（UTC 时间）。
- datetime-local：选取时间、日、月、年（本地时间）。

示例：Date: <input type="date" name="user_date" />

效果如图 5-16 所示。

图 5-16　date 类型

6. input 类型——color

color 输入类型用于设定颜色。该输入类型允许从拾色器中选取颜色。

示例：<input type="color" name="user_color" />

单击颜色可以弹出“颜色”对话框，效果如图 5-17 所示。

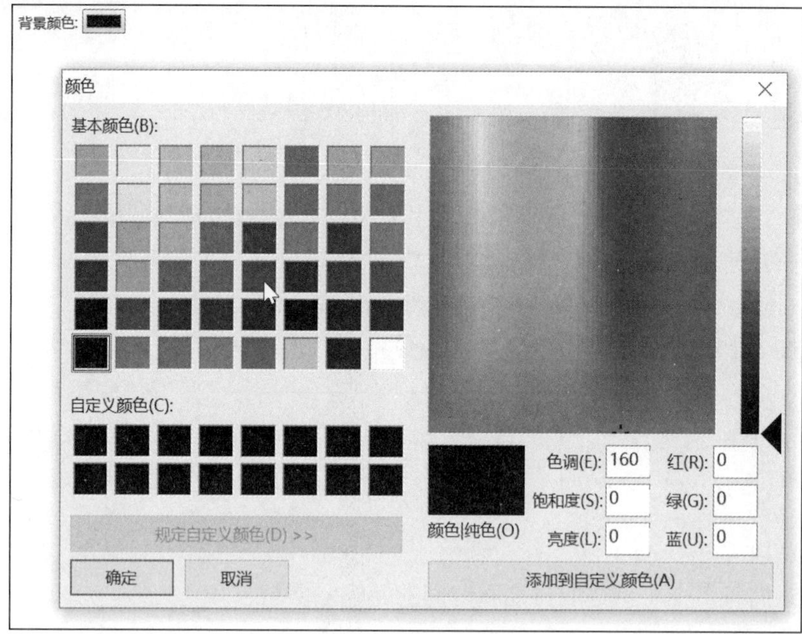


图 5-17　color 类型

7. input 类型——search

search 输入类型用于搜索域，比如站点文章搜索或关键词搜索。search 类型也显示为常规的文本域，当输入框中输入了内容之后，输入框的尾部会出现一个删除符号，点击它可快速清除输入框中的内容。

示例：<input type="search" name="search"/>

效果如图 5-18 所示。

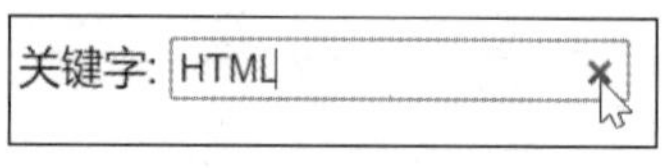


图 5-18　search 类型

8. datalist 元素

<datalist>标签定义选项列表，需要与 input 元素配合使用来定义 input 可能的值。datalist 元素自身不会显示在网页上，而是为其他元素的 list 属性提供数据，当用户在文本框中输入信息时，会根据输入的字符自动显示下拉列表提示，供用户从中选择合适的选项。

<datalist>元素与<select>元素的语法几乎完全相同，使用<datalist>元素创建列表，使用<option>元素创建列表中的选项，但是要注意，一定要使用 input 元素的 list 属性来绑定 datalist 的 id 值。例如：

```
任课班级：<input name="classname" list="class" type="text/>
          <datalist id="class">
          <option value="17 网络技术 1 班"> 17 网络技术 1 班</option>
          <option value="17 网络技术 2 班"> 17 网络技术 2 班</option>
```

```
<option value="17 网络技术 3 班"> 17 网络技术 3 班</option>
</datalist>
```

效果如图 5-19 所示。

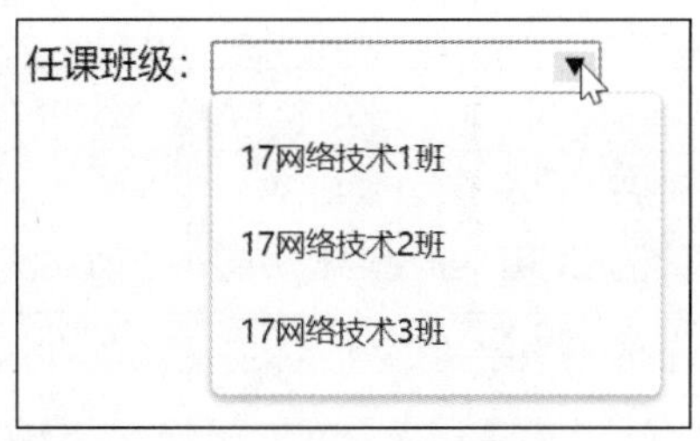


图 5-19　datalist 元素

新增表单元素属性

## 二、表单元素属性验证

### 1. required 属性

required 属性可以用在大多数的输入元素上（除了隐藏元素、图片元素按钮等），该属性表示此输入框是必填项，当提交时，如果此输入框为空，那么将提示用户输入后再提交。

示例：<input name="username" required="required"type="text" />

如果此项目没有填写内容，单击提交按钮后会出现验证的提示，如图 5-20 所示。

图 5-20　required 属性验证

### 2. placeholder 属性

placeholder 属性提供可描述输入字段预期值的提示信息。该提示信息会在输入字段为空时显示，并会在字段获得焦点时消失。

示例：<input name="username" placeholder="请输入你的姓名" type="text"/>

浏览网页时，此文本框中会出现设定的文字提示，效果如图 5-21 所示。

图 5-21　placeholder 属性效果

### 3. pattern 属性

pattern 属性的值一般为正则表达式，当用户输入的内容符合一定的格式时才能提交，否则将提示用户输入不符合要求。正则表达式使用单个字符串来描述，匹配一系列符合某个句法规则的字符串。在很多文本编辑器里，正则表达式通常被用来检索、替换那些符合某个模式的文本，常用的正则表达式如表 5-5 所示。

表 5-5 常用的正则表达式

| 正则表达式 | 含义 |
| --- | --- |
| ^\+?[1-9]\d*$ | 匹配正整数 |
| ^-?\d+$ | 匹配整数 |
| ^[A-Za-z]+$ | 匹配由 26 个英文字母组成的字符串 |
| ^[A-Z]+$ | 匹配由 26 个大写英文字母组成的字符串 |
| ^[a-z]+$ | 匹配由 26 个小写英文字母组成的字符串 |
| ^[A-Za-z0-9]+$ | 匹配由数字和 26 个英文字母组成的字符串 |
| ^[0-9a-zA-Z_]{1,}$ | 匹配由数字、26 个英文字母或者下划线组成的字符串 |
| ^[0-9]*$ | 匹配只能输入数字 |
| ^\d{n}$ | 匹配只能输入 n 位的数字 |
| ^\d{n,}$ | 匹配只能输入至少 n 位的数字 |
| ^\d{m,n}$ | 匹配只能输入 m～n 位的数字 |
| ^[\u4e00-\u9fa5]*$ | 匹配只能输入汉字 |

一般在验证“联系电话”时，会给出：pattern=" ^\d{11,13}$"，表示 11 到 13 位的数字。

示例：<input name="phone" pattern="^\d{13}$" type="tel"/>

如果此项目填写的内容与属性规定的规则不符，单击提交按钮后会出现验证的提示，如图 5-22 所示。

图 5-22 pattern 属性验证

4. autocomplete 属性

autocomplete 属性规定输入字段是否应该启用自动完成功能。自动完成允许浏览器预测对字段的输入。当用户开始键入字段时，浏览器基于之前键入过的值显示出应该填写的选项。autocomplete 属性适用于<form>以及以下类型的<input>标签：text、search、url、telephone、email、password、datepickers、range、color。

示例：<input name="useremail" type="email" autocomplete="on" />

效果如图 5-23 所示。

图 5-23 autocomplete 属性验证

### 5. novalidate 属性

novalidate 属性规定提交表单时不对其进行验证。如果表单使用该属性，则表单不会验证表单的输入。novalidate 属性适用于<form>以及以下类型的<input>标签：text、search、url、tel、email、password、date pickers、range、color。

如果想让表单中所有的元素都不进行验证，可以在表单里增加此属性，例如：

```
<form action="demo_form.asp" novalidate="novalidate"/>
```

如果想让表单中的某个元素不进行验证，可以在该表单元素中增加此属性，例如：

```
<input type="email" novalidate="novalidate" name="email"/>
```

### 6. autofocus 属性

autofocus 属性规定当页面加载时 input 元素应该自动获得焦点。如果使用该属性，则 input 元素会获得焦点。

示例：<input type="email" name="useremail" autofocus="autofocus"/>

刷新网页后，网页的光标会直接定位到当前元素上，效果如图 5-24 所示。

图 5-24　autofocus 属性

### 7. 综合应用实例

【Example5-2.html】

```
<!DOCTYPE html>
<html>
    <head>
        <meta charset="UTF-8">
        <title>新增表单元素</title>
        <style type="text/css">
            form{width:500px;margin:auto;border:2px dashed gray;padding:10px; }
            h3{text-align: center;}
        </style>
    </head>
    <body>
        <h3>新增元素及属性</h3>
        <form action="succ.html" target="_blank" method="get" novalidate="novalidate">
            email 地址：<input type="email" name="useremail" autofocus="autofocus"/><br/><br/>
            学校网址：<input type="url" name="user_url"/><br/><br/>
            请输入月份：<input type="number" name="month" min="1" max="12" step="1"/><br/><br/>
            请调节音量：<input type="range" name="points" min="1" max="10"/><br/><br/>
            请选择出生日期：<input type="datetime-local" name="birthday"/><br/><br/>
```

```
                请选择你背景颜色：<input type="color" name="bg"><br/><br/>
                请输入你的电话号码：<input type="tel" name="tel" pattern=
                "^\d{11}"/><br/><br/>
                请输入搜索关键字：<input type="search" name="search"/><br/><br/>
                任课班级：<input type="text" name="classname" list="class"/>
                <datalist id="class">
                <option value="17 网络技术 1 班"> 17 网络技术 1 班</option>
                <option value="17 网络技术 2 班"> 17 网络技术 2 班</option>
                <option value="17 网络技术 3 班"> 17 网络技术 3 班</option>
                </datalist>
                <br><br><br>
                城市：
                <select name="addr">
                <option value="北京市"> 北京市</option>
                <option value="上海市" selected="selected"> 上海市</option>
                <option value="广州市"> 广州市</option>
                <option value="深圳市"> 深圳市</option>
                </select>
                <br><br>
                <input type="submit"/>
            </form>
        </body>
</html>
```

本例中列举了所有新增的表单元素和元素属性，使我们对常用的表单元素及属性有了一个全面的认识，页面效果如图 5-25 所示。

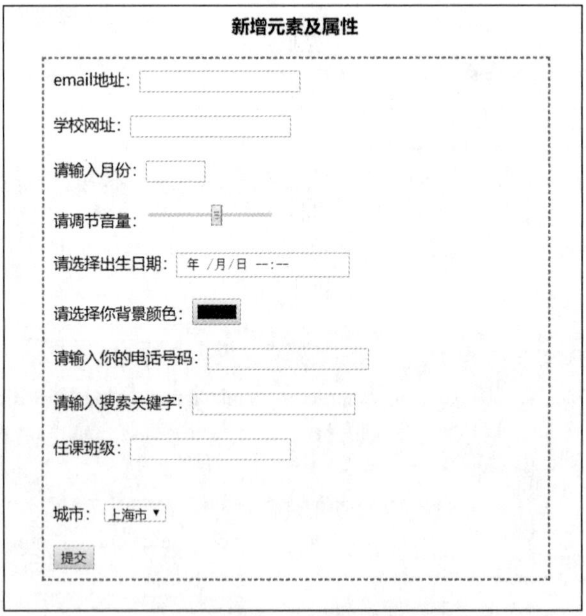

图 5-25　综合应用实例效果

## 实现步骤

（1）打开 web 项目中的 message.html 文件，对<form>标签中的姓名、客户类型、联系电话、电子邮箱、留言标题项目进行验证属性的设置和测试，具体代码如下：

表单验证

```
<p>您的姓名：<input type="text" name="username" class="textbox" required="required" placeholder="请输入你的姓名"/></p>
<p>客户类型：<input type="text" list="type" class="textbox" placeholder="请选择用户类型">
        <datalist id="type">
        <option>代理</option>
        <option>用户</option>
        <option>公司</option>
        <option>其他</option>
        </datalist>
        </p>
<p>联系电话：<input type="text" name="tel" class="textbox" required="required" pattern=
        "^\d{11}$"placeholder="请输入 11 位电话号码"></p>
<p>电子邮箱：<input type="email" name="useremail" class="textbox"/></p>
<p>留言标题：<input type="text" size="30" name="title" class="textbox" required=
        "required" placeholder="请输入留言标题"/></p>
```

（2）在 CSS 文件夹中新建 message.css 文件，并在 message.html 文件的<head>标签类将此文件进行链接式导入，message.css 文件中的样式主要是对在线留言页面中的对象进行综合的样式设置，具体代码如下：

样式设置

```
#messmain{
    width:800px;
    margin:auto;
    font:16px/30px"微软雅黑";
}
.info{text-indent:2em;}
fieldset{border:#66C1E43 px solid;padding:10px 30px;}
legend{font-weight:bold;color:#66C1E4;}
.textbox{width:400px;border:1px solid #66C1E4;padding:5px 10px;}
textarea{width:70%;padding:10px;border:1px solid #66C1E4;vertical-align:top;}
.button{text-align: center;}
.button input{
    padding:10px 30px;
    margin:10px;
    background:#66C1E4;
    color:white;
    font-weight:bold;
    letter-spacing:3px;
    border:none;
}
.button input:hover{background: orangered;}
```

完成的效果如图 5-26 所示。

图 5-26　最终效果图

## 思考与练习

### 一、单选题

1．图 5-27 中表单元素的类型是（　　）。

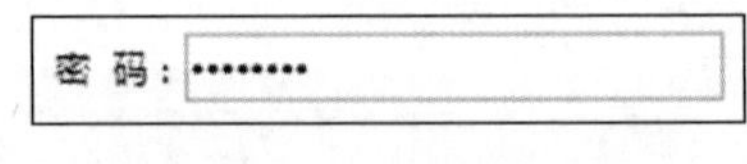


图 5-27　习题示例一

A．text　　B．radio　　C．select　　D．password

2．表单的（　　）属性是用来定义表单数据要提交的地址的。

A．action　　B．name　　C．method　　D．target

3．在设置 form 表单的属性时设置了 method=（　　），代表数据会附加在 URL 之后，由用户端直接发送至服务器，速度会比较快，缺点是数据长度不能太长。

A．get　　B．post　　C．#　　D．blank

4. 如果一个项目中需要收集多种选项值，最好选用复选框，复选框的类型为(　　)。

A．checkbox　　B．radio　　C．textarea　　D．submit

5．任何一个表单必须有一个提交按钮，提交按钮的类型为（　　）。

A．reset　　B．submit　　C．button　　D．hidden

6．form 标签的（　　）属性是用来指定信息传送方式的。

A．target　　B．action　　C．method　　D．name

7．在表单中，input 元素的 type 属性取值为（　　）时用于创建重置按钮。

A．button　　B．reset　　C．submit　　D．set

8．如果想要定义单选按钮的默认选中效果，可以使用（　　）属性来实现。

A．type　　B．selected　　C．checked　　D．name

9．单行文本框的 type 属性值是（　　）。

A．password　　B．text　　C．textarea　　D．radio

10．大多数的表单元素都使用（　　）标签，然后通过 type 属性指定表单元素的类型。

A．input　　B．select　　C．option　　D．textarea

11．以下源码（　　）用于在表单中构建复选框。

A．<input type="text"/>　　B．<input type="radio"/>

C．<input type="checkbox"/>　　D．<input type="password"/>

12．在 HTML 中，以下关于表单提交方式的说法中错误的是（　　）

A．action 属性用来设置表单的提交方式

B．表单提交有 get 和 post 两种方式

C．post 比 get 方式安全

D．post 提交数据不会显示在地址栏中，而 get 会显示在地址栏中

13．以下输入类型中（　　）用于定义周和年控件。

A．date　　B．week　　C．year　　D．datetime

14．以下输入类型中（　　）用来定义滑块控件。

A．search　　B．controls　　C．slider　　D．range

15．在页面中添加搜索关键词的文本框时，最好将 input 元素设置为（　　）类型。

A．email　　B．url　　C．search　　D．date

16．提交 HTML5 表单时，若不想进行自动验证，可以设置表单的（　　）属性。

A．required　　B．novalidate　　C．action　　D．autocomplete

17．在 HTML5 中，以下属性中（　　）用于规定输入字段是必填的。

A．required　　B．formvalidate　　C．validate　　D．placeholder

18．在 HTML5 中，（　　）属性能够向用户显示描述性说明或者提示信息。

A．required　　B．formvalidate　　C．validate　　D．placeholder

19．在 HTML5 中，用于指定页面加载后是否自动获取焦点的 input 属性是（　　）。

A．form 属性　　B．autofocus 属性

C．multiple 属性　　D．autocomplete 属性

20．图 5-28 中序号为②的浏览效果是使用 input 对象的（　　）类型元素实现的。

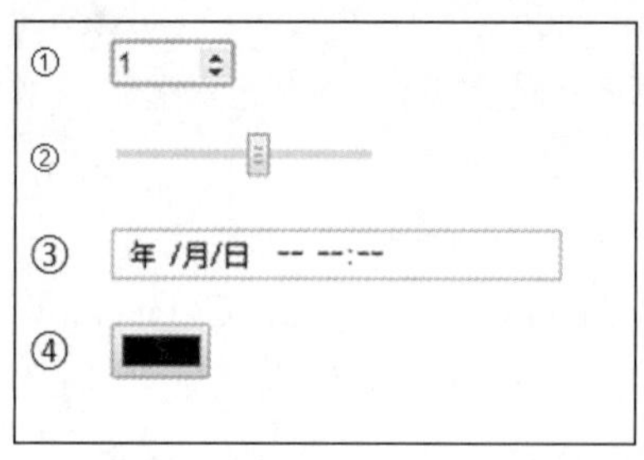


图 5-28　习题示例二

A．datatime-local　　　　B．color

C．range　　　　D．number

21．图 5-29 中的项目是用（　　）元素实现的。

图 5-29　习题示例三

A．input　　　　B．datalist

C．textarea　　　　D．legend

22．以下（　　）表示的不是按钮。

A．type="submit"　　　　B．type="reset"

C．type="radio"　　　　D．type="button"

## 二、多选题

图 5-30 中包含的表单元素有（　　）。

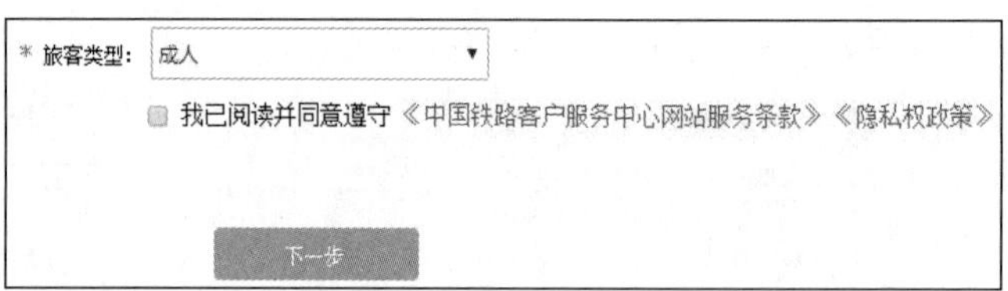


图 5-30　习题示例四

A．复选框　　　　B．单选按钮

C．提交按钮　　　　D．选项列表

## 三、判断题

（　　）1．<input>标签的 hidden 类型元素在网页中能显示出来。

（　　）2．当点击输入框中的×号时，输入框中的内容会被删除，要想实现该效果，应使用 input 的 number 类型。

## 四、操作题

在教学平台上的资料栏目中下载素材，为源码中的对象进行样式设置，最终效果如图 5-31 所示。

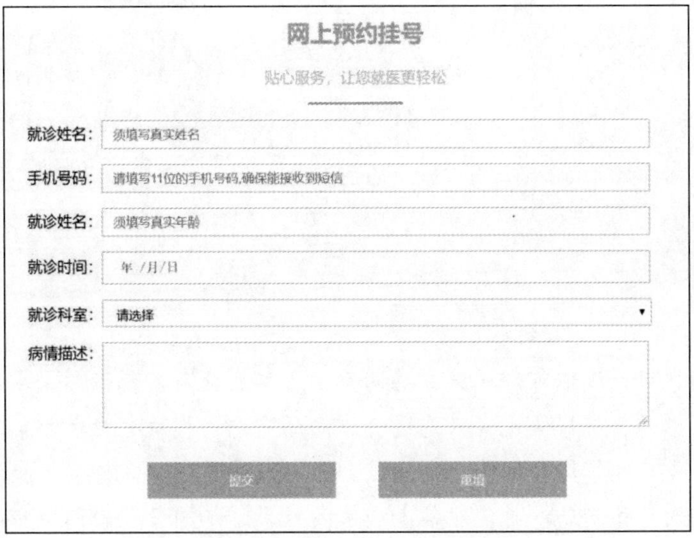

图 5-31　习题示例五

# 项目6　建立综合类网页

## 项目导读

通过前面的学习，我们可以熟练掌握网页的各类元素及其属性，完成网页各个模块的效果，但对网页中的所有模块元素只能进行纵向的布局，模块也相对简单。本项目中我们要实现一个综合复杂的模块化网页，也就是企业的网站首页，需要实现模块的浮动布局，先完成页面模块的整体布局，再实现各个模块的效果。本项目包含网页布局、网页头尾部制作、网页主体部分制作3个子任务，主要介绍盒模型概念、浮动属性、属性选择器、元素类型及转换、定位属性、结构伪类选择器、关系选择器，通过本项目的学习我们可以综合应用所有的选择器及属性灵活地进行网页布局和效果设置。

## 任务1　网页布局

### 任务目标

知识目标

- 掌握盒模型的概念。
- 掌握浮动定位属性及属性值的含义。
- 掌握属性选择器的语法格式和用法。

能力目标

- 能利用盒模型和浮动定位属性进行网页整体布局。

### 任务效果

运用盒模型概念、浮动属性和清除浮动属性进行页面的复杂布局，效果如图6-1所示。

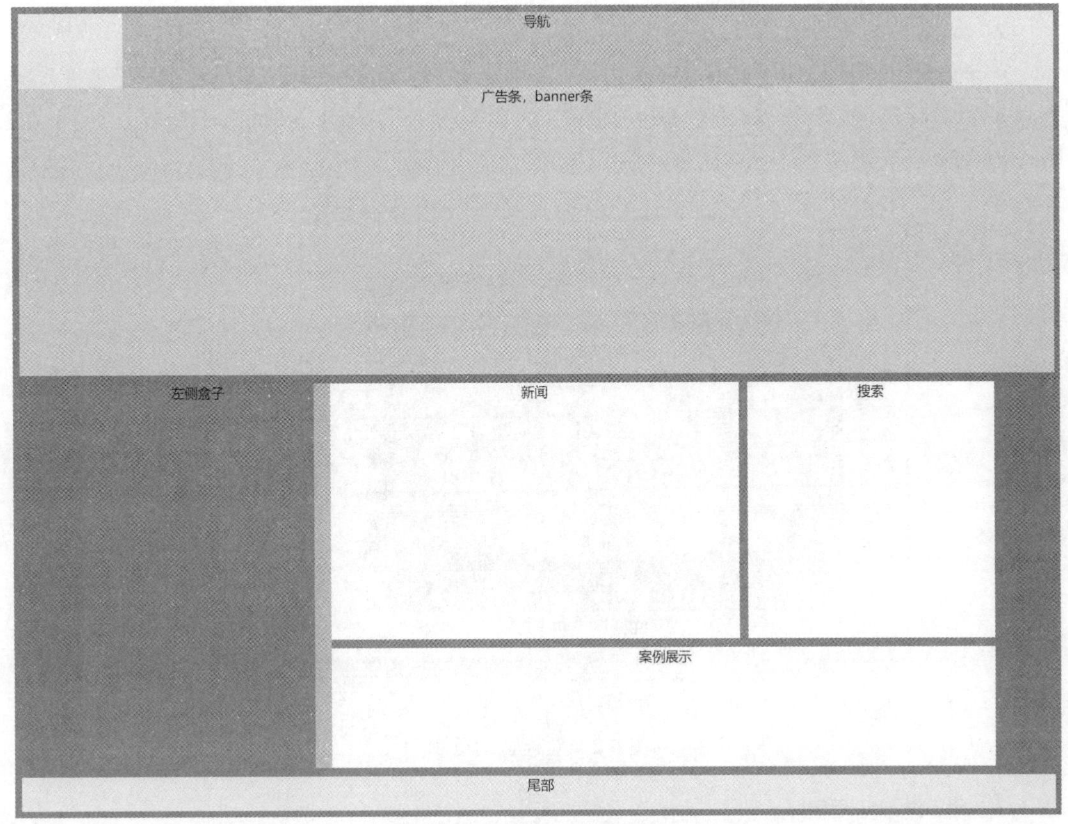


图 6-1　布局效果图

## 相关知识

盒模型

### 一、盒模型

1. <div>标签

div 是英文 division 的缩写，意为“分割、区域”，是一个区块容器标签，可以将网页分割为独立的、不同的部分，以实现网页整体规划与布局。div 的起始标签和结束标签之间的所有内容都是用来构成这个块的，可以容纳段落、标题、表格、图像等各种元素，并且可以嵌套多层，与 CSS 样式进行结合，可以代替大多数的块级和文本标签。

2. 盒模型概念

盒模型（Box Model）是从 CSS 诞生之时便产生的一个概念，是关系到设计中排版定位的关键问题，任何一个块级元素都遵循盒模型。

所谓盒模型，就是把每个 HTML 元素看作装了东西的盒子，盒子里面的内容到盒子的边框之间的距离即为填充（padding），盒子本身有边框（border），而盒子边框外和其他盒子之间还有边界（margin），每个网页就是由多个盒子堆积起来的。默认情况下盒子的边框是无，背景色是透明，所以我们在默认情况下看不到盒子。

3. 盒模型宽高的计算

一个盒子的实际宽度=左边界+左边框+左填充+内容宽度+右填充+右边框+右边界，一个盒子的实际高度=上边界+上边框+上填充+内容高度+下填充+下边框+下边界，如图 6-2 所示为盒模型示意图。

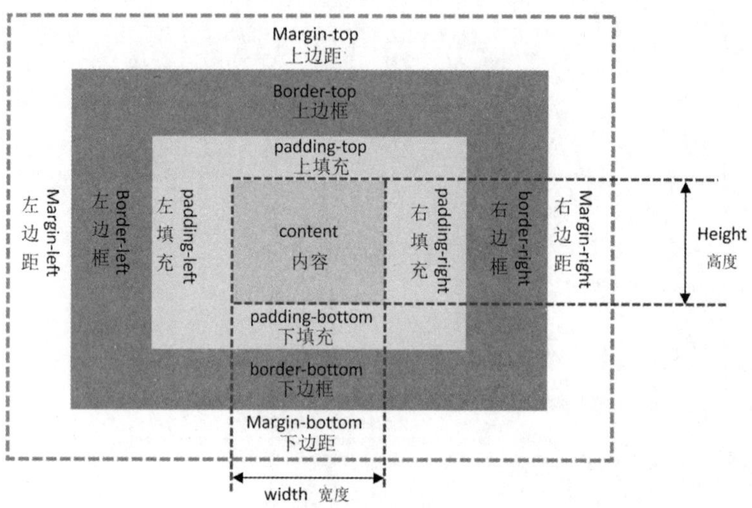


图 6-2 盒模型示意图

【Example6-1.html】

```
<!DOCTYPE html>
<html>
    <head>
        <meta charset="UTF-8">
        <title>盒模型</title>
        <style type="text/css">
            #one{
                margin:30px;
                border:10px solid green;
                padding:30px;
                width:400px;
                height:100px;
            }
        </style>
    </head>
    <body>
        <div id="one">
            <p>我的宽度=30+10+30+400+30+10+30=540px</p>
            <p>我的高度=30+10+30+100+30+10+30=240px</p>
        </div>
    </body>
</html>
```

效果如图 6-3 所示。

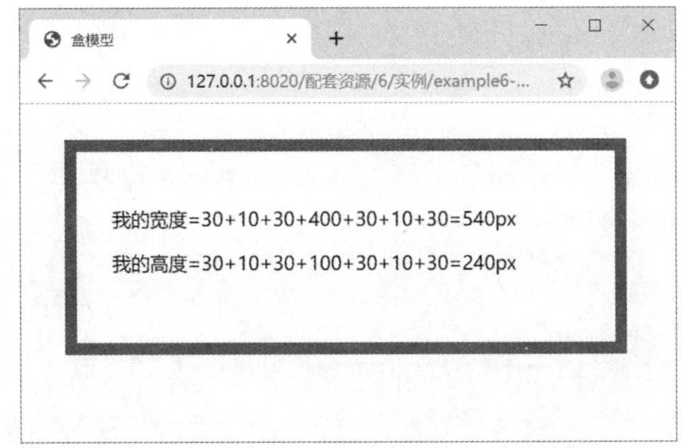


图 6-3　盒模型效果图

4. box-sizing 属性

盒模型的标准模式是把 padding 和 border 值都计算成盒子的宽度，运用 CSS3 中的 box-sizing 属性可以设置对象的盒模型组成模式，其基本语法格式如下：

box-sizing:content-box | border-box

取值如下：

- content-box：默认值，padding 和 border 不被包含在定义的 width 和 height 之内。对象的实际宽度等于设置的 width 值和 border、padding 之和，即 element width = width + border + padding，此属性表现为标准模式下的盒模型。
- border-box：padding 和 border 被包含在定义的 width 和 height 之内。对象的实际宽度就等于设置的 width 值，即使定义有 border 和 padding，也不会改变对象的实际宽度，即 element width = width，此属性表现为怪异模式下的盒模型。

【Example6-2.html】

```
<!DOCTYPE html>
<html>
    <head>
        <meta charset="UTF-8">
        <title>box-sizing</title>
        <style type="text/css">
        p{
            width:400px;
            padding:20px;
            background:#F90;
            background-clip:content-box;
            border:10px solid #ccc;
        }
        .box1{
            box-sizing:content-box;   /*对象的实际宽度等于设置的 width 值和 border、padding 之和*/
            }
        .box2{
```

```
                box-sizing:border-box;      /*对象的实际宽度就等于设置的 width 值*/
            }
            </style>
    </head>
    <body>
            <p class="box1">
                box-sizing 属性设置为：content_box<br>
            </p>
            <p class="box2">
                box-sizing 属性设置为：border_box<br>
            </p>
    </body>
</html>
```

在本例中，box2 设置了 box-sizing 属性为 border-box，则其 padding 值和 border 值不能增加盒子的宽度，所以比 box1 的宽度少了 60px，浏览效果如图 6-4 所示。

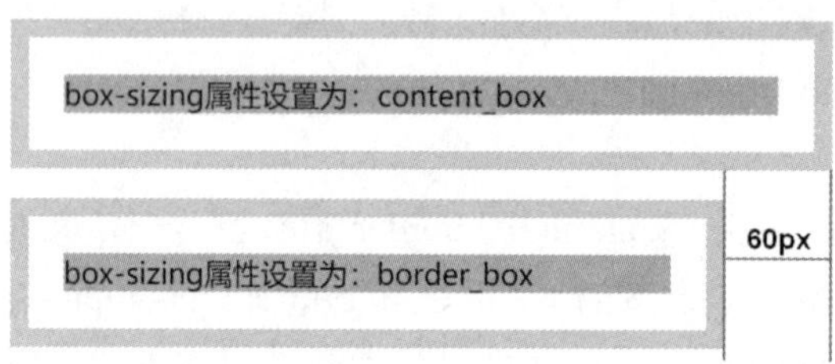


图 6-4　box-sizing 属性设置效果

## 二、浮动属性 float

float 浮动属性

所谓元素的浮动是指设置了浮动属性的元素会脱离标准文档流的控制，移动到其父元素中指定位置的过程。

语法：选择器{float:属性值;}

float 属性的值如表 6-1 所示。

表 6-1　float 属性的值

| 值 | 描述 |
| --- | --- |
| left | 元素向左浮动 |
| right | 元素向右浮动 |
| none | 默认值。元素不浮动，并会显示其在文本中出现的位置 |
| inherit | 规定应该从父元素继承 float 属性的值 |

### 1. 盒子不浮动

【Example6-3.html】

```
<!DOCTYPE html>
<html>
```

```
    <head>
        <meta charset="UTF-8">
        <title>盒子不浮动</title>
        <style type="text/css">
            section{border:1px dashed blue;}
            #one,#two,#three{
                border:1px dashed green;
                width:60px;
                height:60px;
                margin:10px;
                padding:10px;
            }
            #one{background:red;}
            #two{background:gray;}
            #three{background:orange;}
        </style>
    </head>
    <body>
        <section>
            <div id="one">1</div>
            <div id="two">2</div>
            <div id="three">3</div>
        </section>
    </body>
</html>
```

盒子不浮动时，所有元素都在标准流中，块状元素从上到下纵向排列，如图 6-5 所示。

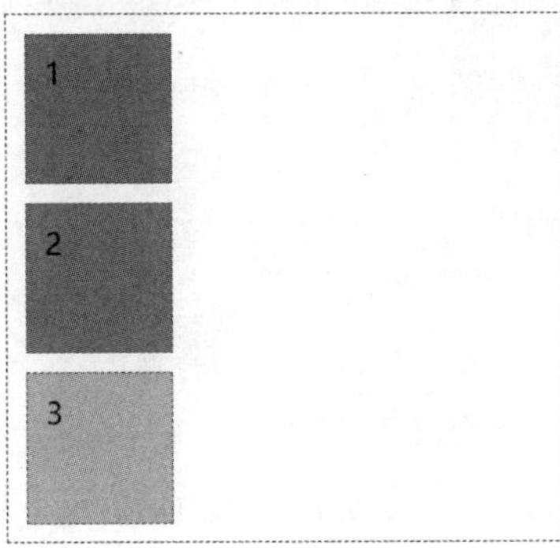


图 6-5　盒子不浮动

2. 一个盒子浮动

浮动的盒子被未浮动的盒子的内容所环绕，浮动的盒子不占据原来的空间。

【Example6-4.html】

```
<!DOCTYPE html>
<html>
    <head>
```

```
        <meta charset="UTF-8">
        <title>认识 float 属性</title>
        <style type="text/css">
            #one{
                border:1px dashed green;
                width:100px;
                height:100px;
                margin:10px;
                padding:10px;
                background:#CCCCFF;
                float:left;
            }
        </style>
    </head>
    <body>
        <div id="main">
            <div id="one">盒子左浮动</div>
            <p>未浮动盒子的内容未浮动盒子的内容未浮动盒子的内容未浮动盒子的内容</p>
        </div>
    </body>
</html>
```

浏览效果如图 6-6 所示。

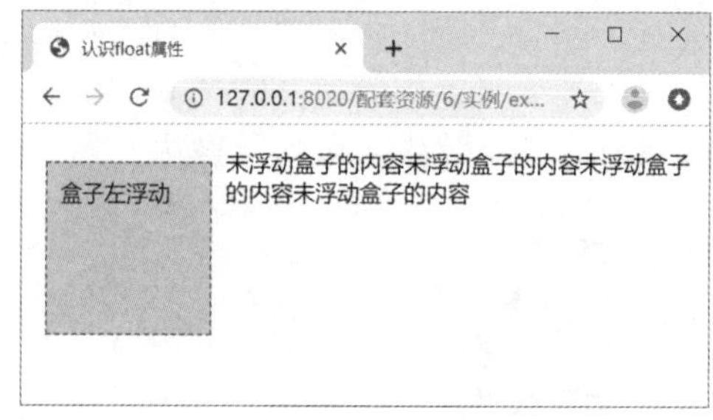


图 6-6　一个盒子浮动

3. 多个盒子浮动

多个盒子都浮动时浮动元素不会相互覆盖，一个浮动元素的框碰到另一个浮动元素的框后便停止运动。如图 6-7 所示，所有盒子都设置了 float:right 属性，它们依次从右到左进行排列。

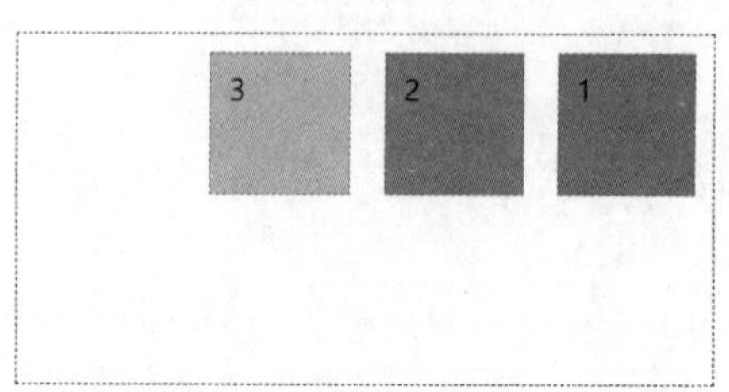


图 6-7　多个盒子右浮动

4. 其他浮动

若包含的容器太窄，无法容纳水平排列的 3 个浮动元素，那么其他浮动块则向下移动，如图 6-8 所示是 3 个盒子设置了左浮动的效果。

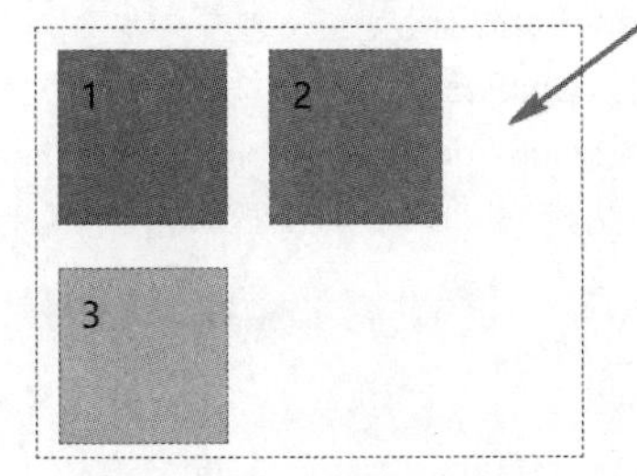


图 6-8　水平空间不够

但如果浮动元素的高度不同，垂直空间不够，当它们向下移动时可能会被卡住，如图 6-9 所示。

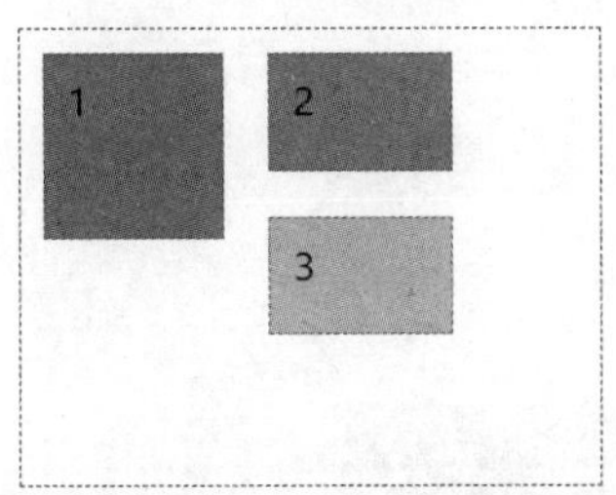


图 6-9　垂直空间不够

因此，如果我们借助 float 属性进行布局时一定要计算好各个布局盒子的宽度和高度，以便能更好地设置页面布局的效果。

### 三、清除浮动元素的影响

clear 属性

由于浮动元素不再占用原文档流中的位置，所以会对页面中其他元素的排版产生影响，如会导致父元素高度塌陷，通俗来说就是父亲盒子的高度无法由浮动子元素的高度决定，并且其他没有浮动的盒子的内容也会环绕在浮动盒了的周围。

【Example6-5.html】

```
<!DOCTYPE html>
<html>
    <head>
        <meta charset="UTF-8">
        <title>浮动属性：float</title>
        <style type="text/css">
            section{border:1px dashed blue;}
            #one,#two,#three{
                border:1px dashed green;
                width:200px;
```

```
                height:50px;
                margin:10px;
                padding:10px;
            }
            #one{background:red;}
            #two{background:gray;}
            #three{background:orange;}
        </style>
    </head>
    <body>
        <section>
            <div id="one">1</div>
            <div id="two">2</div>
            <div id="three">3</div>
        </section>
    </body>
</html>
```

浏览效果如图 6-10 所示。

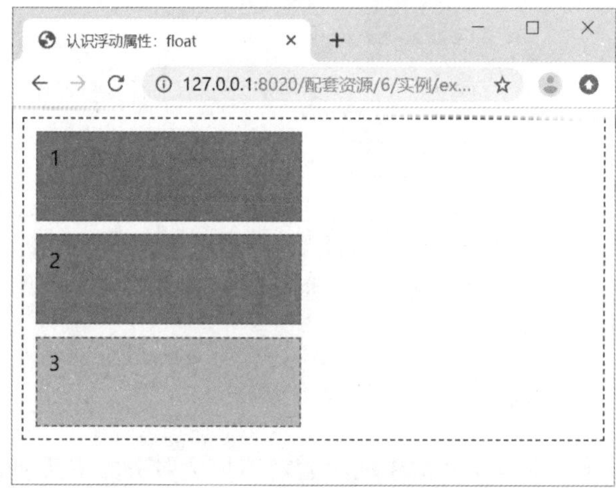


图 6-10　设置浮动前

当对其中的 3 个盒子都设置了 float:left;属性后，浏览效果如图 6-11 所示，3 个浮动盒子的父亲盒子就没有高度值了，因为浮动的盒子已经脱离了标准流。

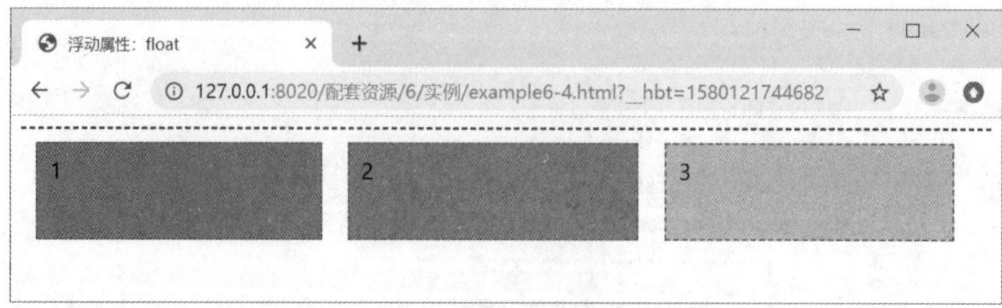


图 6-11　设置浮动后

如果要避免这种情况，就需要对元素进行其他属性设置，有以下两个属性可以解决这个问题：

（1）清除浮动属性 clear。

clear 属性可以定义元素的哪一侧不允许出现浮动元素。

语法：选择器{clear:属性值;}

clear 属性的值如表 6-2 所示。

表 6-2　clear 属性的值

| 值 | 描述 |
| --- | --- |
| left | 在左侧不允许浮动元素 |
| right | 在右侧不允许浮动元素 |
| both | 在左右两侧都不允许浮动元素 |
| none | 默认值，允许浮动元素出现在两侧 |
| inherit | 规定应该从父元素继承 clear 属性的值 |

在 Example6-5.html 的第 3 个盒子之后增加清除浮动的代码，如图 6-12 所示。

```
<body>
    <section>
        <div id="one">1</div>
        <div id="two">2</div>
        <div id="three">3</div>
        <div style="clear: both;"></div>
    </section>
</body>
```

图 6-12　清除浮动影响

浏览效果如图 6-13 所示。

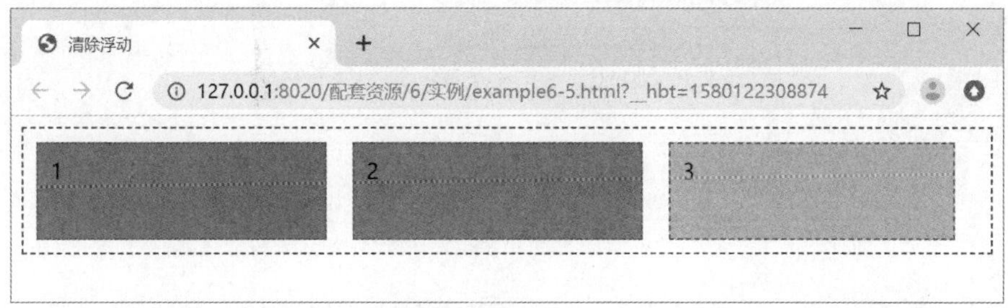


图 6-13　清除浮动之后

在浮动盒子之后增加兄弟空盒子并设置 clear:both;属性可清除浮动影响。

以上方法还可以用 after 方法来替代，就是在 Example6-5.html 的 CSS 样式里增加以下代码：

```
section:after{
    content:"";
    display:block;      /*定义元素以块级元素显示*/
```

```
    height:0px;
    clear:both;
}
```

同样可以解决父元素高度塌陷的问题。

（2）溢出属性 overflow。

overflow 属性指定如果内容溢出一个元素的框时会发生什么。

语法：选择器{overflow:属性值;}

overflow 属性的值如表 6-3 所示。

表 6-3　overflow 属性的值

| 值 | 描述 |
| --- | --- |
| visible | 默认值。内容不会被修剪，会呈现在元素框之外 |
| hidden | 内容会被修剪，溢出内容是不可见的 |
| scroll | 内容会被修剪，但是浏览器会显示滚动条可查看溢出的内容 |
| auto | 如果内容被修剪，则浏览器会显示滚动条可查看溢出的内容 |
| inherit | 规定应该从父元素继承 overflow 属性的值 |

【Example6-6.html】

```
<!DOCTYPE html>
<html>
    <head>
        <meta charset="UTF-8">
        <title>overflow 属性</title>
        <style type="text/css">
            ulli{line-height:50px;}
            ul{
                width:300px;
                border:2px solid red;
                height:100px;           /*设定父亲盒子的高度*/
            }
            .box1{
                overflow:hidden;        /*设置溢出的部分进行隐藏*/
            }
            .box2{
                overflow:scroll;        /*设置溢出的部分进行隐藏*/
            }
        </style>
    </head>
    <body>
        <ul class="box1">
            <li><a href="#">菜单 1</a></li>
            <li><a href="#">菜单 2</a></li>
            <li><a href="#">菜单 3</a></li>
```

```
                <li><a href="#">菜单 4</a></li>
            </ul>
            <ul class="box2">
                <li><a href="#">菜单 1</a></li>
                <li><a href="#">菜单 2</a></li>
                <li><a href="#">菜单 3</a></li>
                <li><a href="#">菜单 4</a></li>
            </ul>
    </body>
</html>
```

在本例中，ul 盒子的内容有 4 个菜单，但是由于我们设置了 ul 元素的高度为 100px，所以只有两个菜单的高度，当我们设置了 box1 对象的 overflow 属性为 hidden 后，后面两个菜单则无法显示在页面上，但是 box2 对象的 overflow 属性为 scroll，可以通过滚动出现的滚动条来查看后两个菜单，浏览效果如图 6-14 所示。

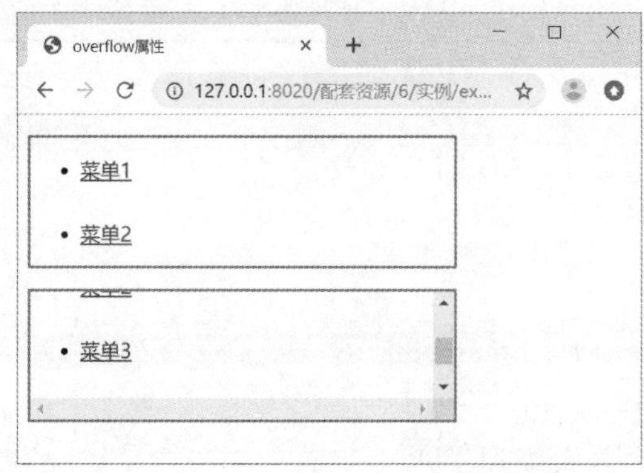


图 6-14　overflow 属性设置效果

对于实例 Example6-5.html 中所出现的情况，我们可以设置浮动盒子的父亲盒子的 overflow 属性值为 hidden，这也可以清除浮动的影响。对 3 个盒子的父亲元素 section 进行 overflow 属性设置的代码如下：

```
section{
        border:1pxdashed blue;
        overflow:hidden;
}
```

相对于第一种方法而言，我们更提倡使用第二种方法，因为第二种方法不会增加结构代码，但如果有特定的效果被隐藏，可以使用第一种方法的:after 伪类代替。

## 四、属性选择器

属性选择器

属性选择器可以根据元素的属性及属性值来选择元素，可以为拥有指定属性的 HTML 元素设置样式，而不仅限于 class 属性和 id 属性。从广义的角度来看，我们学习过的元素选择器是属性选择器的特例，是一种忽视指定 HTML 元素的属性选择器。

语法：E[attribute]{property1:value1; property2:value2; property3:value3;…}

属性选择器的语法格式有表 6-4 所示的 7 种类型。

表 6-4　属性选择器的语法格式

<table>
<tr><th>选择器</th><th>描述</th></tr>
<tr><td>E[att]</td><td>选择具有 att 属性的 E 元素</td></tr>
<tr><td>E[att="val"]</td><td>选择具有 att 属性且属性值等于 val 的 E 元素</td></tr>
<tr><td>E[att~="val"]</td><td>选择具有 att 属性且属性包含指定值的元素，该值必须与所有字符匹配，且可以是前面有空格的 E 元素</td></tr>
<tr><td>E[att|="val"]</td><td>选择具有 att 属性且属性值为以 val 开头并用连接符“-”分隔其他字符的字符串的 E 元素，如果属性值仅为 val，也将被选择</td></tr>
<tr><td>E[att^="val"]</td><td>选择具有 att 属性且属性值为以 val 开头的字符串的 E 元素</td></tr>
<tr><td>E[att$="val"]</td><td>选择具有 att 属性且属性值为以 val 结尾的字符串的 E 元素</td></tr>
<tr><td>E[att*="val"]</td><td>选择具有 att 属性且属性值为包含 val 的字符串的 E 元素</td></tr>
</table>

1．选择器：E[att]

该选择器用来选择具有 att 属性的 E 元素。

【Example6-7.html】

```
<!DOCTYPE html>
<html>
    <head>
        <meta charset="UTF-8">
        <title>属性选择器 1</title>
        <style type="text/css">
            /*指定具有 class 属性的所有 td 元素*/
            td[class]{color:red;}
        </style>
    </head>
    <body>
        <table border="1">
            <tr>
                <td>1.选择器 td[class]</td>
                <td>无属性</td>
                <td class="col">class="col"</td>
                <td class="col center">class="col center"</td>
                <td class="col3">class="col3"</td>
                <td class="4col">class="4col"</td>
            </tr>
        </table>
    </body>
</html>
```

在本例中，td[class]属性选择器指定了所有具有 class 属性的 td 元素，所以最后 4 个定义了 class 属性的 td 元素都被选中并设置了红色的文字颜色，浏览效果如图 6-15 所示。

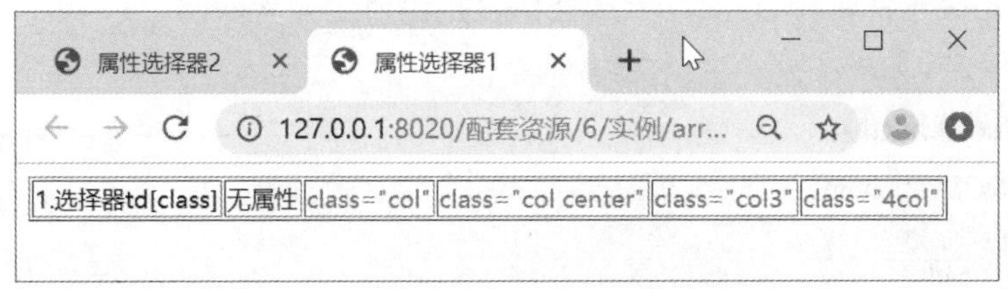


图 6-15　E[att]选择器

2. 选择器：E[att="val"]

该选择器用来选择具有 att 属性且属性值等于 val 的 E 元素。

【Example6-8.html】

```
1  <!DOCTYPE html>
2  <html>
3      <head>
4          <meta charset="UTF-8">
5          <title>属性选择器 2</title>
6          <style type="text/css">
7              /*指定具有 class 属性并且属性值为"col"的所有 td 元素*/
8              td[class="col"]{color:red;}
9          </style>
10     </head>
11     <body>
12         <table border="1">
13             <tr>
14                 <td>2.选择器 td[class="col"]</td>
15                 <td>无属性</td>
16                 <td class="col">class="col"</td>
17                 <td class="col center">class="col center"</td>
18                 <td class="col3">class="col3"</td>
19                 <td class="4col">class="4col"</td>
20             </tr>
21         </table>
22     </body>
23 </html>
```

在本例中，td[class="col"]属性选择器指定了所有具有 class 属性并且属性值为"col"的 td 元素，所以只有第 16 行中的 td 被选中并设置了红色的文字颜色，浏览效果如图 6-16 所示。

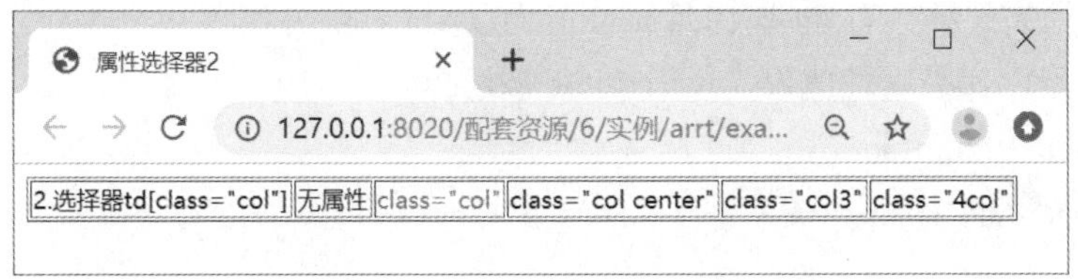


图 6-16　E[att="val"]选择器

3. 选择器：E[att~="val"]

该选择器用来选择具有 att 属性且属性包含指定值的元素，指定值是可以前面有空格的 E 元素。

【Example6-9.html】

```
1  <!DOCTYPE html>
2  <html>
3      <head>
4          <meta charset="UTF-8">
5          <title>属性选择器 3</title>
6          <style type="text/css">
7              /*指定了所有具有 class 属性并且属性值包含"col"的 td 元素，而且 col 前后
8                可以有空格*/
9              td[class~="col"]{color:red;}
10         </style>
11     </head>
12     <body>
13         <table border="1">
14             <tr>
15                 <td>3.选择器 td[class~="col"]</td>
16                 <td>无属性</td>
17                 <td class="col">class="col"</td>
18                 <td class="col center">class="col center"</td>
19                 <td class="col3">class="col3"</td>
20                 <td class="4col">class="4col"</td>
21             </tr>
22         </table>
23     </body>
24 </html>
```

在本例中，td[class~="col"]属性选择器指定了所有具有 class 属性并且属性值包含"col"的 td 元素，而且 col 前后可以有空格，所以只有第 17 行和第 18 行中的 td 被选中并设置了红色的文字颜色，浏览效果如图 6-17 所示。

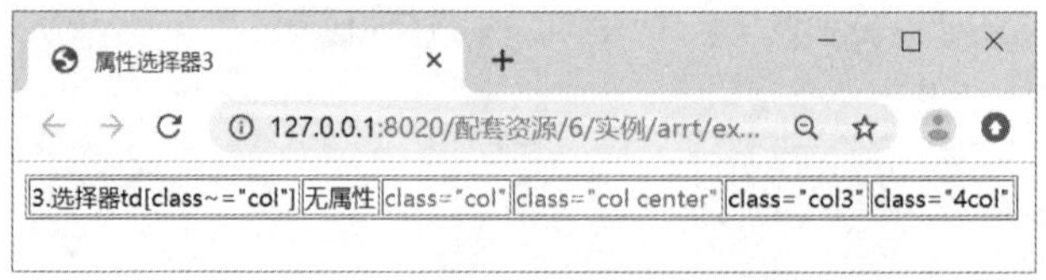


图 6-17 E[att~="val"]选择器

4. 选择器：E[att|="val"]

该选择器用来选择具有 att 属性且属性值为以 val 开头并用连接符“-”分隔其他字符的字符串的 E 元素，如果属性值仅为 val，也将被选择。

【Example6-10.html】

```
<!DOCTYPE html>
<html>
    <head>
```

```
4              <meta charset="UTF-8">
5              <title>属性选择器 4</title>
6              <style type="text/css">
7                     /*指定具有 class 属性并且属性值以"col"开头
8                      并用连接符"-"分隔了其他字符的 td 元素，
9                      又或者属性值仅为"col"的 td 元素*/
10                    td[class|="col"]{color:red;}
11             </style>
12        </head>
13        <body>
14             <table border="1">
15                    <tr>
16                         <td>4.选择器 td[class|="col"]</td>
17                         <td>无属性</td>
18                         <td class="col">class="col"</td>
19                         <td class="col center">class="col center"</td>
20                         <td class="col3">class="col3"</td>
21                         <td class="4col">class="4col"</td>
22                         <td class="col-5">class="col-5"</td>
23                   </tr>
24             </table>
25        </body>
26   </html>
```

在本例中，td[class|="col"]属性选择器指定了所有具有 class 属性并且属性值以"col"开头并用连接符"-"分隔了其他字符的 td 元素，又或者属性值仅为"col"的 td 元素，所以只有第 18 行和第 22 行中的 td 元素被选中并设置了红色的文字颜色，浏览效果如图 6-18 所示。

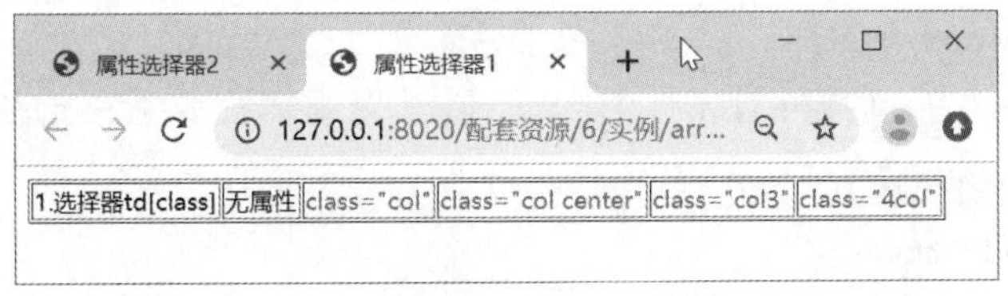


图 6-18　E[att|="val"]选择器

5. 选择器：E[att^="val"]

该选择器用来选择具有 att 属性且属性值为以 val 开头的字符串的 E 元素。

【Example6-11.html】

```
<!DOCTYPE html>
<html>
     <head>
          <meta charset="UTF-8">
          <title>属性选择器 5</title>
          <style type="text/css">
               /*指定具有 class 属性并且属性值以"col"开头的所有 td 元素*/
               td[class^="col"]{color:red;}
```

```
9             </style>
10        </head>
11        <body>
12            <table border="1">
13                <tr>
14                    <td>5.选择器 td[class^="col"]</td>
15                    <td>无属性</td>
16                    <td class="col">class="col"</td>
17                    <td class="col center">class="col center"</td>
18                    <td class="col3">class="col3"</td>
19                    <td class="4col">class="4col"</td>
20                    <td class="col-5">class="col-5"</td>
21                </tr>
22            </table>
23        </body>
24    </html>
```

在本例中，td[class^="col"]属性选择器指定了所有具有 class 属性并且属性值以"col"开头的 td 元素，所以第 16 行至第 18 行和第 20 行中的 td 元素被选中并设置了红色的文字颜色，浏览效果如图 6-19 所示。

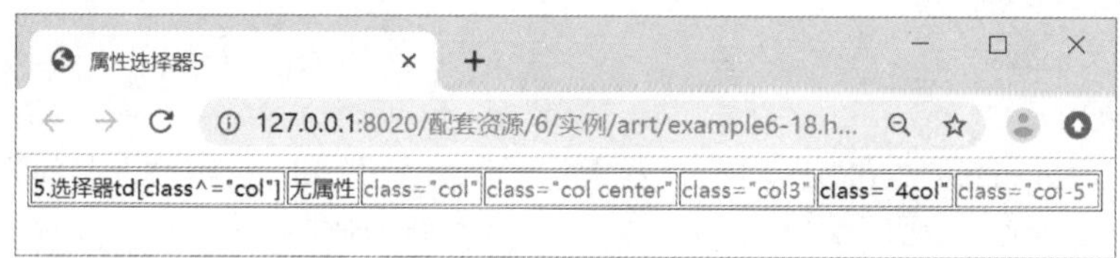


图 6-19　E[att^="val"]选择器

6. 选择器：E[att$="val"]

该选择器选择具有 att 属性且属性值为以 val 结尾的字符串的 E 元素。

【Example6-12.html】

```
<!DOCTYPE html>
<html>
    <head>
        <meta charset="UTF-8">
        <title>属性选择器 6</title>
        <style type="text/css">
            /*指定具有 class 属性并且属性值以"col"结尾的所有 td 元素*/
            td[class$="col"]{color:red;}
        </style>
    </head>
    <body>
        <table border="1">
            <tr>
                <td>6.选择器 td[class$="col"]</td>
                <td>无属性</td>
```

```
16                  <td class="col">class="col"</td>
17                  <td class="col center">class="col center"</td>
18                  <td class="col3">class="col3"</td>
19                  <td class="4col">class="4col"</td>
20                  <td class="col-5">class="col-5"</td>
21              </tr>
22          </table>
23      </body>
24  </html>
```

在本例中，td[class$="col"]属性选择器指定了所有具有 class 属性并且属性值以"col"结尾的 td 元素，所以只有第 16 行和第 19 行中的 td 被选中并设置了红色的文字颜色，浏览效果如图 6-20 所示。

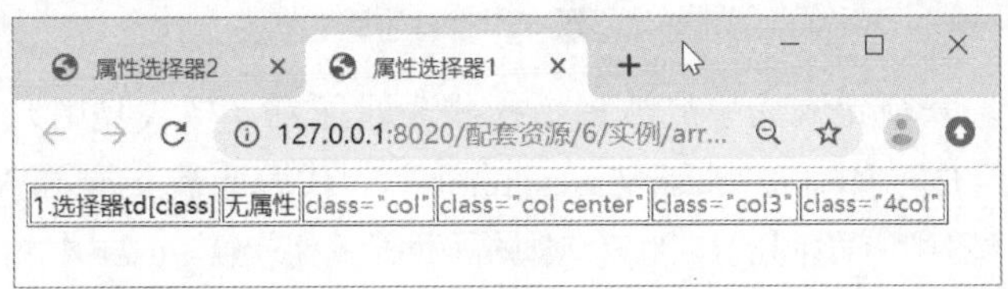


图 6-20　E[att$="val"]选择器

7. 选择器：E[att*="val"]

该选择器用来选择具有 att 属性且属性值为包含 val 的字符串的 E 元素。

【Example6-13.html】

```
<!DOCTYPE html>
<html>
    <head>
        <meta charset="UTF-8">
        <title>属性选择器 7</title>
        <style type="text/css">
            /*指定具有 class 属性且属性值包含"col"字符的所有 td 元素*/
            td[class*="col"]{color:red;}
        </style>
    </head>
    <body>
        <table border="1">
            <tr>
                <td>7.选择器 td[class*="col"]</td>
                <td>无属性</td>
                <td class="col">class="col"</td>
                <td class="col center">class="col center"</td>
                <td class="col3">class="col3"</td>
                <td class="4col">class="4col"</td>
                <td class="col-5">class="col-5"</td>
                <td class="co-6">class="co-6"</td>
            </tr>
```

```
23            </table>
24        </body>
25    </html>
```

在本例中，td[class*="col"]属性选择器指定了所有具有 class 属性且属性值包含"col"字符的 td 元素，所以第 16 行至第 20 行中的 td 元素被选中并设置了红色的文字颜色，浏览效果如图 6-21 所示。

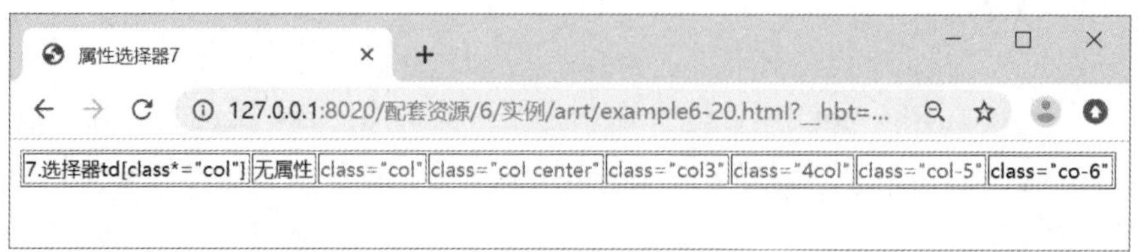


图 6-21　E[att*="val"]选择器

在实际项目中，一个元素为了能被多个样式表匹配到（样式复用），通常元素的 class 名中可以由好几段组成，如<div class="user login">，代表能被.user 和.login 两个选择器选中。如果这两个选择器中有相同的属性值，则该属性值先被改为.user 中的值，再被改为.login 中的值，即重复的属性以最后一个选择器中的属性值为准。

【Example6-14.html】

```
1   <!DOCTYPE html>
2   <html>
3       <head>
4           <meta charset="UTF-8">
5           <title>类选择器的使用方法</title>
6           <style type="text/css">
7               .news{background: yellow;}
8               .case{background: green;}
9               .center{text-align: center;}
10              .border{border:double 3px black;}
11          </style>
12      </head>
13      <body>
14          <div class="news center">
15              <p>新闻中心新闻中心新闻中心新闻中心新闻中心新闻中心。</p>
16          </div>
17          <div class="case center border">
18              <p>案例展示案例展示案例展示案例展示案例展示案例展示。</p>
19          </div>
20      </body>
21  </html>
```

在本例中，第 14 行中的 div 的 class 名中有两个 class 名，代表它能应用.news 和.center 的样式；第 17 行中的 div 的 class 名中有 3 个 class 名，代表它能应用.news、.center 和.border 的样式，所以利用多个命名的方式可以使一个元素使用两个或三个甚至更多的 class 名，以达到样式复用的目的，并且我们可以使用属性选择器进行更为灵活的样式定义，效果如图 6-22 所示。

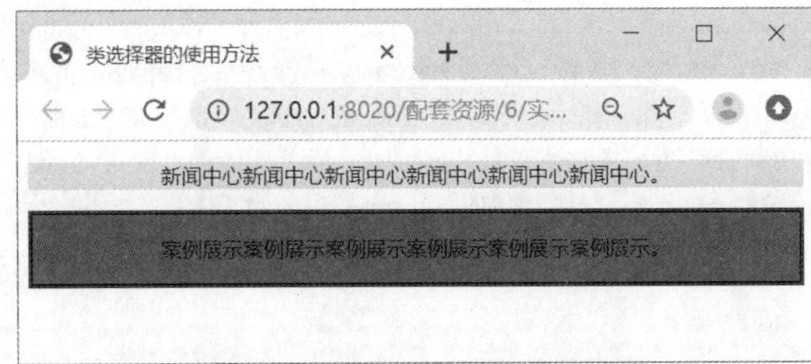


图 6-22　多个 class 选择器

## 实现步骤

（1）在 web 项目中新建 index.html 文件，添加首页源码，并根据各模块的作用和内容对其进行规范化命名，具体代码如下：

```
<!DOCTYPE html>
<html>
    <head>
        <meta charset="UTF-8"/>
        <title>项目 6-任务 1-首页</title>
    </head>
    <body>
        <header>
            <nav>导航</nav>
            <div id="banner">广告条，banner 条</div>
        </header>
        <main>
            <div id="main_left">左侧盒子</div>
            <div id="main_right">
                <section id="news">新闻</section>
                <section id="search">搜索</section>
                <section id="proshow">产品展示</section>
            </div>
        </main>
        <footer>尾部</footer>
    </body>
</html>
```

（2）在 web 项目的 css 文件夹中新建 index.css 文件，并将样式文件链接至 index.html 文件中，对首页中的所有对象进行样式控制，具体代码如下：

```
body{text-align: center;background: gray;}
header{background: yellow;margin-bottom:10px;}
nav{background:#33ff99;height:88px;width:80%;margin:auto;}
```

```
#banner{background:#ccccff;height:336px;}
main{margin:auto;background: orange;margin-bottom:10px;width:1100px;overflow:hidden;}
#main_left{width:280px;height:450px;background:#668cff;float:left;}
#main_right{background:#668cff ;width:800px;float:right;overflow:hidden;}
#main_right  #news{height:300px;width:490px;margin:0px 10px 10px 0px;background: white;float:left;}
#main_right  #search{width:300px; height:300px;background: white;float:left;}
#main_right  #proshow{height:140px;background: white;width:800px;float:left;}
footer{height:40px; background:#ffff66;}
```

（3）保存所有文件，浏览效果如图 6-23 所示。

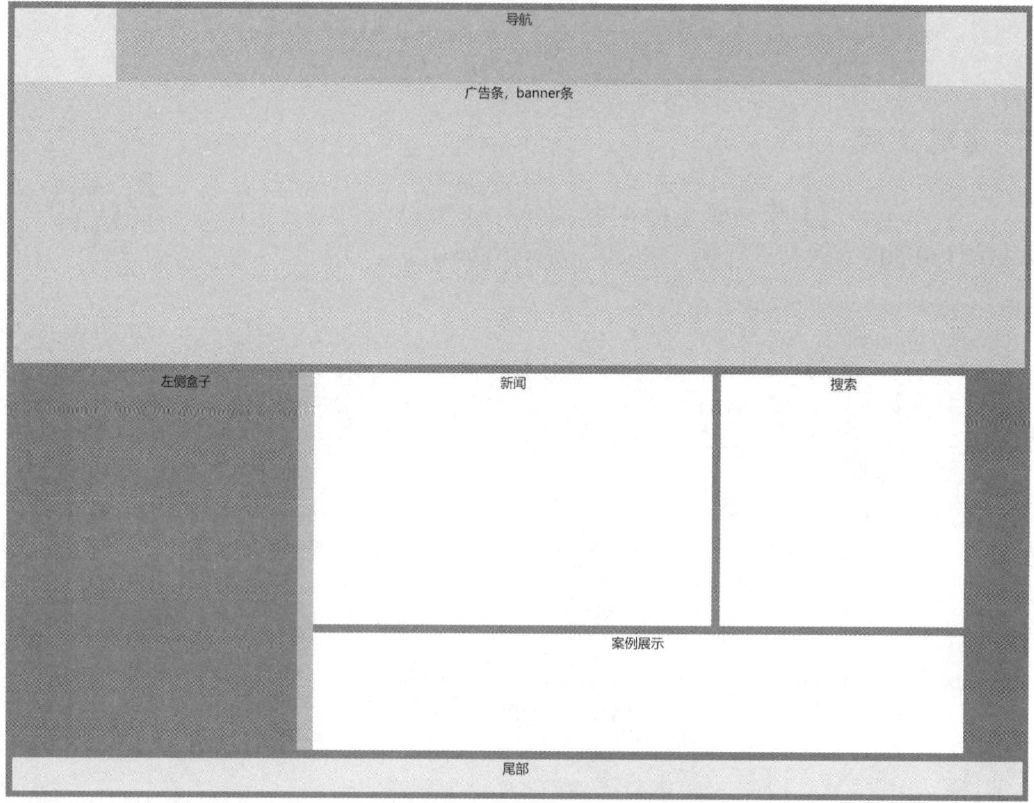


图 6-23　布局效果

# 任务 2　网页头部与尾部制作

## 任务目标

### 知识目标

- 掌握网页元素类型的概念和区别。
- 掌握元素转换属性及属性含义。

能力目标

- 能区分网页各类元素并能灵活地进行元素转换以完成页面效果。

## 任务效果

运用网页元素特征及 display 属性制作页面头部及尾部效果，如图 6-24 所示。

图 6-24 头部尾部效果图

## 相关知识

网页元素类型

### 一、网页元素类型

HTML 标签分成 3 种类型：块级元素、行内元素和行内块元素，特点如表 6-5 所示。

表 6-5 网页元素类型及特点

| 类型 | 特点 |
| --- | --- |
| 块级元素 | 在浏览器中显示，从左到右独占一行，形状为矩形，可以定义宽度和高度、内边距和外边距等 |
| 行内元素 | 网页元素在浏览器的一行中并排呈现，设置宽、高、内边距、外边距无效 |
| 行内块元素 | 可并排一行，同时具有块级元素的特点 |

1. 块级元素

一般是其他元素的容器，可容纳内联元素、行内块元素和其他块状元素。块状元素排斥其他元素与其位于同一行，按顺序自上而下排列。块级元素的特点是，总是在新行上开始；高度、行高、顶部和底部边距都可控制；宽度默认是其容器的 100%，除非用 width 设定一个宽度。

常见的块级元素有<header>、<nav>、<main>等结构化元素，<div>、<dl>、<dt>、<dd>、<ul>、<ol>、<li>、<h1>-<h6>、<p>、<form>、<table>、<fieldset>等。

2. 行内元素

行内元素称内联元素，它只能容纳文本或者其他行内元素，且允许其他行内元素与其位于同一行，但宽度和高度不起作用。行内元素的特点是，和其他元素都在一行上；高度、行高、顶部和底部边距都不可改变；宽度就是它的文字或图片的宽度，不可改变。

常见的内联元素有<a>、<span>、<i>、<u>、<b>、<em>、<sub>、<sup>等。

3. 行内块元素

行内块元素同时具备行内元素和块级元素的特点，本质仍是行内元素，但是可以设置 width 和 height 属性值。

常见的行内块元素有<img>、<input>等。

下面通过一个综合案例来演示不同元素在页面中的显示。

【Example6-15.html】

```
<!DOCTYPE html>
<html>
    <head>
        <meta charset="UTF-8">
        <title>网页元素类型</title>
        <style type="text/css">
            div,p{height:50px;width:100px;background:#ccc;padding:10px;margin:10px;}
            a,span{border:1px solid red;width:200px;}
            img,input{width:200px;height:100px;}
        </style>
    </head>

    <body>
        <h1>1.块级元素</h1>
            <div>块级元素 1</div>
            <p>块级元素 2</p>
        <h1>2.行内元素</h1>
            <a href="#">行内元素 1</a><span>行内元素 2</span>
        <h1>3.行内块元素</h1>
            <img src="adv_1.jpg"/><input type="text"/>
    </body>
</html>
```

在本例中，两个块元素 div 和 p 按顺序自上而下排列；两个行内元素 a 和 span 在同一行排列，虽然设置了 width 属性，但是没有起作用；两个行内块元素 img 和 input 可以设置 width 和 height 属性，并且在同一行内显示，效果如图 6-25 所示。

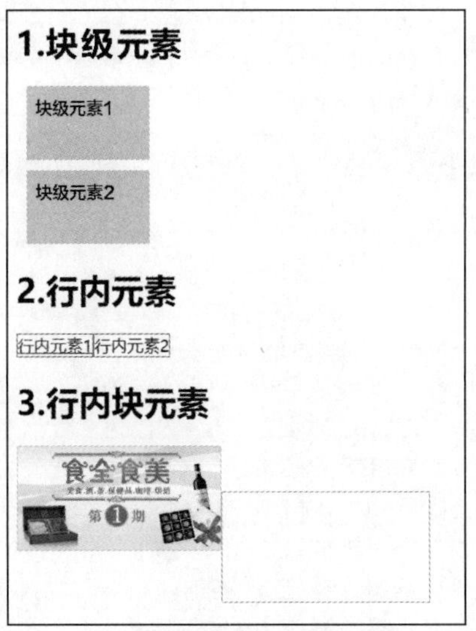


图 6-25　网页元素类型

## 二、元素转换属性

元素类型转换

所有的网页元素都可以通过 display 属性来改变其默认的显示类型。

语法：display:block | inline |inline-block| none

- block：使行内元素表现得像块级元素，如果对网页中的某个元素设置了 float 属性，则这个元素自动转换成块级元素，而设置了 float:none 的情况除外。
- inline：使块级元素表现得像行内元素。
- inline-block：此元素将显示为行内块元素，可以对其设置宽高和对齐属性，但是该元素不会独占一行。
- none：将一个元素从页面上隐藏。

下面通过一个案例来演示以上元素类型转换的用法。

【Example6-16.html】

```
<!DOCTYPE html>
<html>
    <head>
        <meta charset="UTF-8">
        <title>display 类型转换</title>
        <style type="text/css">
            div{
                background:#668CFF;
                width:200px;
                line-height:50px;
                margin:5px;
```

```
                display:inline;
            }
            .onea{
                    background:#FF6633;
                    line-height:50px;
                    display:inline-block;
                    width:200px;
                }
            img{display:none;}
        </style>
    </head>
    <body>
        <div>块级元素 1</div>
        <div>块级元素 2</div>
        <div>块级元素 3</div>
        <p class="one">
            <a href="#">超级链接 1</a>
            <a href="#">超级链接 2</a>
            <a href="#">超级链接 3</a>
            <a href="#">超级链接 4</a>
        </p>
        <img src="adv_1.jpg"/><img src="adv_1.jpg"/>
    </body>
</html>
```

在本例中，将原来是块级元素的 div 元素转换成了行内元素，使得它们在同一行排列，宽度与高度属性都失去了作用；把原来是行内元素的 a 元素转换成了行内块元素；将两个 img 元素进行了隐藏，效果如图 6-26 所示。

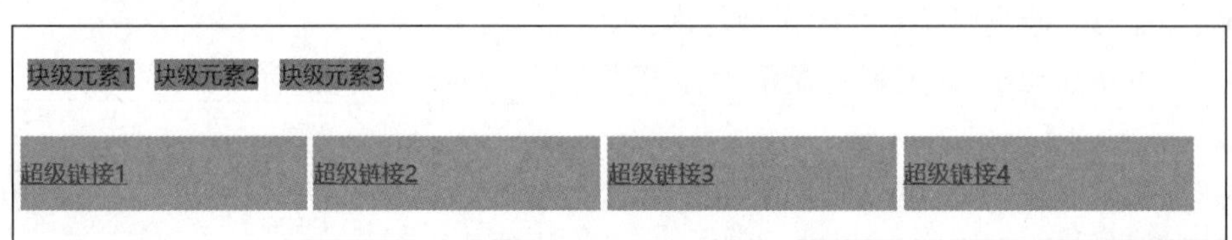


图 6-26　display 属性

## 实现步骤

头尾实现

（1）打开 web 项目中的 index.html 文件，根据页面效果添加头部的网页元素源码，具体代码如下：

```
<header>
    <nav>
        <a href="#">首    页</a>
        <a href="#">公司简介</a>
        <a href="#">新闻中心</a>
        <a href="#">案例展示</a>
```

```
        <a href="#">诚聘英才</a>
        <a href="#">在线留言</a>
    </nav>
    <div id="banner">广告条，banner 条</div>
</header>
```

（2）打开 css 文件夹中的 index.css 文件，对头部的元素进行样式设置，CSS 代码如下：

```
header{margin-bottom:10px ;background: white;}
    nav{
        width:1100px;
        margin:auto;
        text-align: right;
        background: url(../img/logo.gif) no-repeat;
    }
    nav a{
        margin:0px 5px;
        display:inline-block;
        line-height:88px;
        color:#333;
        text-decoration:none;
        padding:0px 5px;
    }
    nav a:hover{
            background:url(../img/navbg.gif);color:darkblue;
    }
#banner{background:url(../img/banner.jpg) no-repeat center center/100%;height:336px;}
```

（3）打开 web 项目中的 index.html 文件，根据页面效果添加尾部的网页元素源码，具体代码如下：

```
<footer>
    <div id="foot">
        <p id="foot_left">
            <img src="img/share1.gif"/>
            <a href="#">企业邮箱</a>
            <a href="#">企业邮箱</a>
            <a href="#">企业邮箱</a>
            <span>   copyright@2018  华响设计有限公司  地址：小城街
            道 256 号。</span>
        </p>
        <p id="foot_right">
            <span>分享到：</span>
            <a href="#"><img src="img/share2.gif"/></a>
            <a href="#"><img src="img/share3.gif"/></a>
            <a href="#"><img src="img/share4.gif"/></a>
            <a href="#"><img src="img/share5.gif"/></a>
            <a href="#"><img src="img/share6.gif"/></a>
        </p>
```

```
        </div>
</footer>
```

（4）打开 css 文件夹中的 index.css 文件，对尾部的元素进行样式设置，CSS 代码如下：

```
footer{background:black;color:#eee;}
    #foot{width:1100px;margin:auto;line-height:40px;overflow:hidden;}
    #foot_left{float:left;}
    #foot_right{float: right;}
    #foot a{color:#eee;text-decoration:none;}
```

（5）完成后保存所有文件，浏览效果如图 6-27 所示。

图 6-27　头尾部浏览效果图

# 任务 3　网页主体部分制作

## 任务目标

### 知识目标

- 掌握定位属性的语法及属性值的含义。
- 掌握 CSS3 中常用子元素伪类选择器的语法。

## 能力目标

- 能对盒子元素进行定位属性定位。
- 能灵活使用子元素伪类选择器进行元素选取。

## 任务效果

完成主体部分网页的制作，包括案例分类（左侧导航）模块、新闻中心模块、案例搜索模块、案例展示模块，效果如图 6-28 所示。

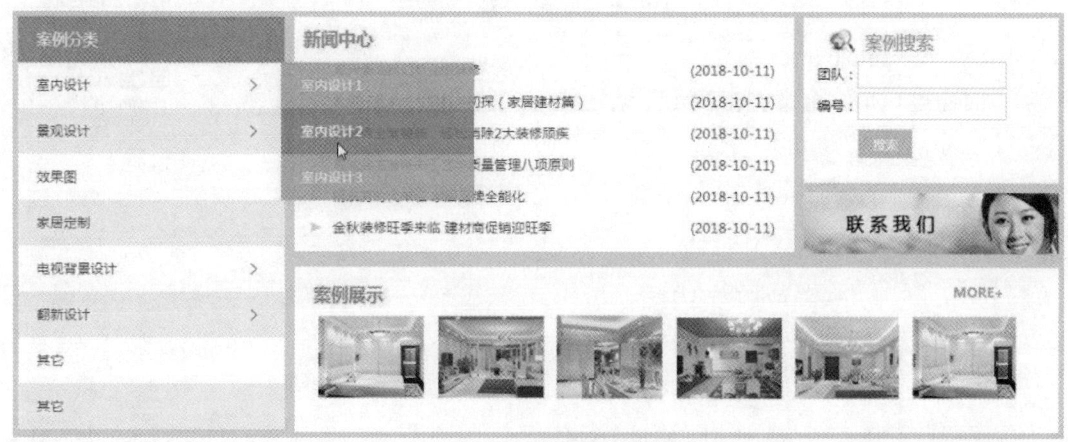


图 6-28　主体部分效果图

## 相关知识

### 一、元素定位属性

定位属性

1. 定位方式 position

定位方式属性用于设定浏览器应如何来定位 HTML 元素。

语法：position:static | absolute | fixed | relative

（1）static：表示无特殊定位，是默认取值，它会按照普通顺序生成，就如它们在 HTML 中的出现顺序一般，按出场顺序依次排列并占有空间。

（2）absolute：表示采用绝对定位，要同时使用 left、top、right、bottom 等属性进行绝对定位，而其层叠通过 z-index 属性定义，此时对象不具有边距，但仍有填充和边框。参照浏览器（或最近的激活定位的父级）的左上角生成绝对定位的位置，即在文档中已经不占据位置，原来位置被后面的元素递补占有。

（3）relative：表示采用相对定位，对象不可层叠，但将依据 left、top、right、bottom 等属性设置对象在页面中的偏移位置，即在文档中仍占据原来的位置。

但要注意的是，设置为绝对定位（position:absolute;）的元素并非总是以浏览器窗口为基准进行定位。实际上，绝对定位元素是以它的包含框为基准进行定位的，所谓包含框是

指距离其最近的设置了定位属性的父级元素的盒子。如果它所有的父级元素都没有设置定位属性，那么参考定位点就是浏览器窗口。

使用相对定位的盒子的位置定位依据常以标准流的排版方式为基础，然后使盒子相对于它在原来的标准位置偏移指定的距离。相对定位的盒子仍在标准流中，它后面的盒子仍以标准流方式对待它。

（4）fixed：总是根据浏览器的窗口来进行元素的定位，且不会随着滚动条的滚动而改变。

2. *元素位置* top、right、bottom、left

元素位置属性与定位方式共同设置元素的具体位置。

position 属性
案例解析

语法：top:auto|px|%

下面通过一个综合案例来演示不同定位方式的用法。

【Example6-17.html】

```
<!DOCTYPE html>
<html>
    <head>
        <meta charset="UTF-8">
        <title>position 属性</title>
        <style type="text/css">
            #one{
                background: green;
                width:300px;
                height:300px;
                position:absolute;
                right:100px;
            }
            #two{
                background: red;
                width:300px;
                height:300px;
                position:relative;
            }
            #three{
                background: yellow;
                width:100px;
                height:100px;
                position:absolute;
                top:100px;
                left:100px;
            }
        </style>
    </head>
    <body>
```

```
            <div id="one"></div>
            <div id="two">
            <div id="three"></div>
            </div>
    </body>
</html>
```

在本例中，#one 对象设置了绝对定位，不占据它原来的位置，因为离它最近的父级盒子就是 body，所以它根据设置的 right 属性水平位置定位在了浏览器右侧往左 100px 的位置，纵向位置保持不变。#two 对象设置了相对定位，由于#one 对象释放了位置，故所有图片对象和它都上升了一些位置。#three 对象也设置了绝对定位，但是由于它的父级盒子#two 设置了相对定位属性，所以#three 对象是以#two 对象为参考来进行偏移的，效果如图 6-29 所示。

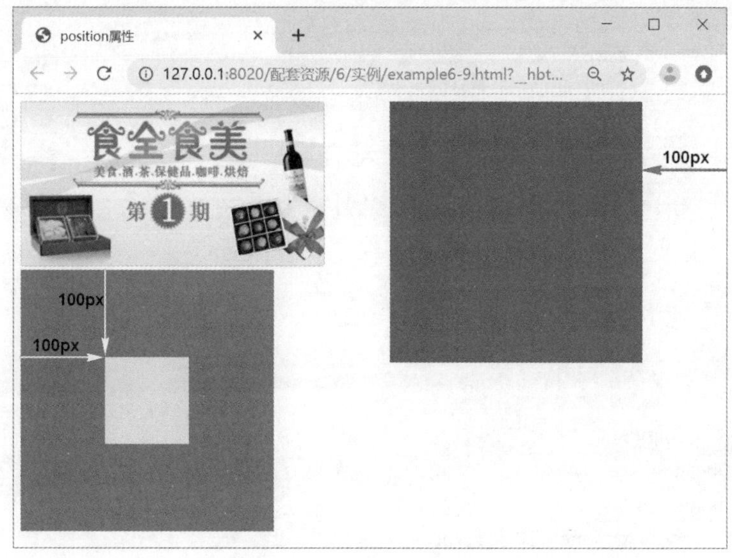


图 6-29　position 属性

2. z-index 属性

当我们对网页中的对象进行了定位属性设置后，就会出现元素与元素之间重叠的现象，z-index 属性用于设定层的先后顺序和覆盖关系，该属性实际是设置元素沿 z 轴的位置。默认情况下，z-index 值为 1，拥有更高堆叠顺序的元素总是会处于堆叠顺序较低的元素的前面。

语法：z-index: auto|数字

说明：z-index 值高的层覆盖 z-index 值低的层。一般情况下，z-index 值为 1，表示该层位于最下层。取值 auto 表示遵从其父对象的定位；取数字值时必须是无单位的整数值，可以取负值。但是要注意的是，本属性只对设置了定位属性的盒子才起作用。

【Example6-18.html】

```
<!DOCTYPE html>
<html>
    <head>
```

```
        <meta charset="UTF-8">
        <title>z-index 属性</title>
        <style type="text/css">
            div{
                border:1px solid black;
                background:#ccc;
                width:100px;
                height:100px;
            }
            #one{
                position:absolute;
                left:50px;
                top:50px;
            }
            #two{
                position:absolute;
                left:100px;
                top:100px;
            }
            #three{
                position:absolute;
                left:150px;
                top:150px;
            }

        </style>
    </head>
    <body>
        <div id="one">盒子 1</div>
        <div id="two">盒子 2</div>
        <div id="three">盒子 3</div>
    </body>
</html>
```

在本例中，3 个盒子依次排列，盒子 3 在最上方，当设置了盒子 2 的 z-index 为 2 后，盒子 2 就出现在了盒子 3 的上方，对比效果如图 6-30 所示。

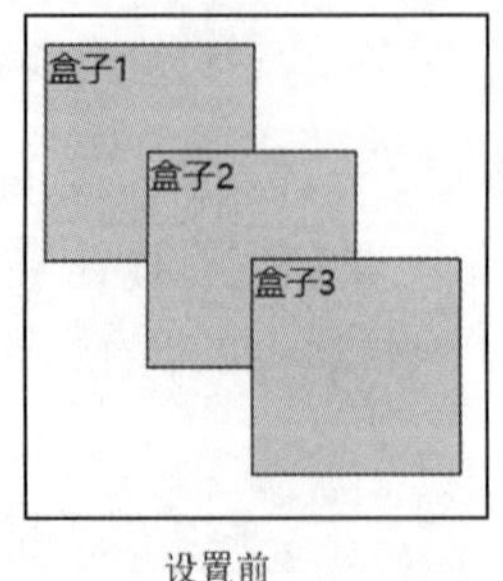


设置前

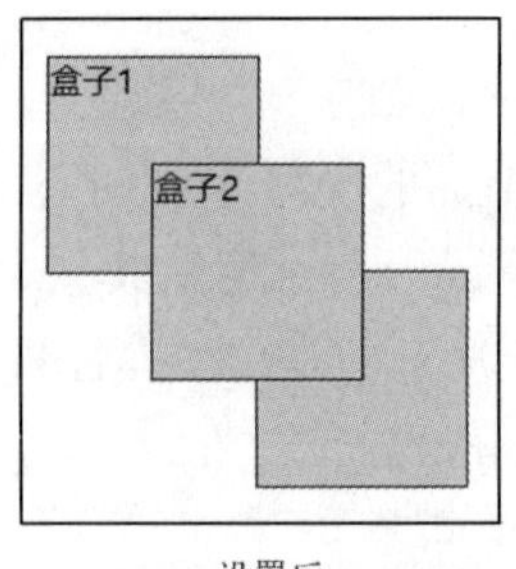


设置后

图 6-30　设置盒子 2 的 z-index 值为 2 前后对比效果

## 二、结构伪类选择器

子元素伪类选择器

CSS3 中新增了结构伪类选择器，可以很方便地选取子元素，大大提高了开发效率。之前有些要通过为一个个子元素添加 class 或者 JS 才能实现的效果，现在可以很方便地用结构伪类选择器实现。结构伪类选择器可以根据元素在文档中所处的位置来动态选择元素，从而减少 HTML 文档对 id 或类的依赖，有助于保持代码干净整洁。常用的结构伪类选择器如表 6-6 所示。

表 6-6　结构伪类选择器

| 选择器 | 描述 |
| --- | --- |
| E:first-child | 匹配父元素的第一个子元素 E |
| E:last-child | 匹配父元素的最后一个子元素 E |
| E:only-child | 匹配父元素仅有的一个子元素 E |
| E:nth-child(n) | 匹配父元素的第 n 个子元素 E，假设该子元素不是 E，则选择器无效，odd(2n+1)代表奇数，even(2n)代表偶数 |
| E:nth-last-child(n) | 匹配父元素的倒数第 n 个子元素 E，假设该子元素不是 E，则选择器无效 |
| E:nth-child(-n+数字） | 匹配父元素的前 n 个子元素 E |
| E:nth-last-child(-n+数字) | 匹配父元素的倒数 n 个子元素 E |
| E:first-of-type | 匹配同类型中的第一个同级兄弟元素 E |
| E:last-of-type | 匹配同类型中的最后一个同级兄弟元素 E |
| E:only-of-type | 匹配同类型中的唯一一个同级兄弟元素 E |
| E:nth-of-type(n) | 匹配同类型中的第 n 个同级兄弟元素 E |
| E:nth-last-of-type(n) | 匹配同类型中的倒数第 n 个同级兄弟元素 E |

下面通过一个案例来演示结构伪类选择器的用法。

【Example6-19.html】

```
<!DOCTYPE html>
<html>
    <head>
        <meta charset="UTF-8">
        <title>结构伪类选择器</title>
        <style type="text/css">
            p:first-child{font-style:italic;}
            p:nth-child(2){text-decoration:underline;}    /*选择第二个子元素 p，第二个子元素不是 p 元素不会被选择*/
            p:nth-of-type(2){font-weight:bold;}    /*选择第二个同类型子元素*/
            p:nth-child(2n){border:2px dashed gray;}
            p:only-child{border:3px double gray;}
        </style>
    </head>
```

```
14      <body>
15          <div>
16              <p>第 1 行</p>
17              <div>第 2 行，但这个是 div 元素</div>
18              <p>第 3 行</p>
19              <p>第 4 行</p>
20              <p>第 5 行</p>
21              <p>第 6 行</p>
22              <p>第 7 行</p>
23              <p>第 8 行</p>
24              <div>第 9 行，但这个是 div 元素</div>
25              <p>第 10 行</p>
26          </div>
27          <div>
28              <p>只有一个子元素</p>
29          </div>
30      </body>
31  </html>
```

在本例中，运用 p:first-child 选择器选取了第一个子元素 p，两个 div 对象中的第一个子元素 p 中的文字都变成了斜体。p:nth-child(2)选择第二个子元素 p，因为 div 中的第二个子元素不是 p 元素，所有没有被选择，没有出现下划线效果。p:nth-of-type(2)选择的是 div 中的第二个 p 元素，所以第 18 行代码中的“第 3 行”三个字进行了加粗显示。p:nth-child(2n)选择器选择了所有偶数行的 p 元素的边框为虚线边框。最后，p:only-child 选择了只有一个子元素的 div 元素中的 p 元素，效果如图 6-31 所示。

图 6-31　结构伪类选择器

## 三、关系选择器

关系选择器

### 1. 子元素选择器

语法：E>F{样式}

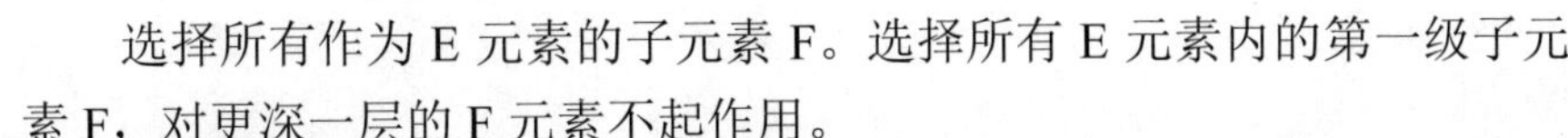

选择所有作为 E 元素的子元素 F。选择所有 E 元素内的第一级子元素 F，对更深一层的 F 元素不起作用。

### 2. 相邻选择器

语法：E+F{样式}

选择紧贴在 E 元素之后的 F 元素。

### 3. 兄弟选择器

语法：E~F{样式}

选择 E 元素后面的所有兄弟元素 F。

下面通过一个案例来演示上述关系选择器的用法。

【Example6-20.html】

```
<!DOCTYPE html>
<html>
    <head>
        <meta charset="UTF-8">
        <title>关系选择器</title>
        <style type="text/css">
            .test>li>a{background:gray;}
            h3+p{border:1px solid blue;}
            h3~p{font-style:italic;}
        </style>
    </head>
    <body>
        <ul class="test">
            <li>
                <a href="#">列表项目 1</a>
                <ul>
                    <li><a href="#">子列表 1.1</a></li>
                    <li><a href="#">子列表 1.2</a></li>
                </ul>
            </li>
            <li>
                <a href="#">列表项目 2</a>
                <ul>
                    <li><a href="#">子列表 2.1</a></li>
                    <li><a href="#">子列表 2.2</a></li>
                </ul>
            </li>
            <li><a href="#">列表项目 3</a></li>
            <li><a href="#">列表项目 4</a></li>
```

```
            </ul>
            <div class="box2">
                <h3>我是 box2 的第一个子元素</h3>
                <p>我是 box2 的第二个子元素</p>
                <p>我是 box2 的第三个子元素</p>
            </div>
        </body>
</html>
```

在本例中，.test>li>a 选择器选择了 ul 对象中的第一级 a 元素，子列表没有被选中，一级项目都设置了背景效果。h3+p 选择了与 h3 相邻的 p 元素，所以只有 box2 对象的第二个子元素被选中设置了边框效果。h3~p 选择了 h3 后面的所有兄弟元素 p，所以后面的两个 p 元素中的文字都是斜体，浏览效果如图 6-32 所示。

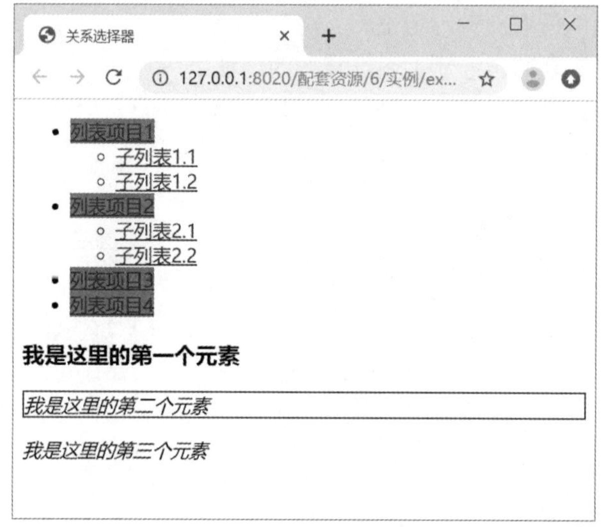


图 6-32　关系选择器

## 实现步骤

主体左侧

（1）打开 web 项目中的 index.html 文件，根据页面效果添加主体左侧部分的网页元素源码，具体代码如下：

```
<ul id="main_left">
    <li>案例分类</li>
    <li>
        <a href="#">室内设计</a><span>></span>
        <ol>
            <li><a href="#">室内设计 1</a></li>
            <li><a href="#">室内设计 2</a></li>
            <li><a href="#">室内设计 3</a></li>
        </ol>
    </li>
```

```
    <li>
        <a href="#">景观设计</a><span>></span>
        <ol>
            <li><a href="#">景观设计 1</a></li>
            <li><a href="#">景观设计 2</a></li>
            <li><a href="#">景观设计 3</a></li>
        </ol>
    </li>
    <li><a href="#">效果图</a></li>
    <li><a href="#">家居定制</a></li>
    <li>
        <a href="#">电视背景设计</a><span>></span>
        <ol>
            <li><a href="#">中式 1</a></li>
            <li><a href="#">欧式 2</a></li>
            <li><a href="#">简约现代 3</a></li>
        </ol>
    </li>
    <li>
        <a href="#">翻新设计</a><span>></span>
        <ol>
            <li><a href="#">翻新设计 1</a></li>
            <li><a href="#">翻新设计 2</a></li>
            <li><a href="#">翻新设计 3</a></li>
        </ol>
    </li>
    <li><a href="#">其他</a></li>
    <li><a href="#">其他</a></li>
    </ul>
```

（2）打开 css 文件夹中的 index.css 文件，对主体左侧部分的网页元素进行样式设置，CSS 代码如下：

```
#main_left{width:280px;background:#fff;float:left;}
    #main_left li{line-height:50px;text-indent:20px;font-size:14px;position:relative;}
    #main_left>li:nth-child(2n+1){background:#eee;}
    #main_left>li:first-child{background:#24a0a9;color:white;font-size:16px;}
    #main_left a{color:#333;text-decoration:none;}
    #main_left a:hover{position:relative;bottom:2px;}
    #main_left span{position:absolute;left:80%;font-family:"黑体";font-size:16px;}
    #main_left li ol{
        display:none;
        position:absolute;left:100%;top:0px;
        width:200px;
        background:#2bbcc6;
        opacity:0.9;
    }
```

```
#main_left li:hover ol{visibility:visible;z-index: 10;}
#main_left li ol li:hover{background: gray;color:white;}
#main_left li ol li:hover a:link,#main_left li ol li:hover a:hover{color:white;}
```

（3）打开 web 项目中的 index.html 文件，根据页面效果添加主体右侧“新闻中心”部分的网页元素源码，具体代码如下：

新闻中心

```
<div id="main_right">
    <section id="news">
        <h3>新闻中心</h3>
        <ul>
            <li><a href="#">高升装饰我们专业做装修<span>2018-10-11</span></a></li>
            <li><a href="#">家居行业未来发展趋势初探（家居建材篇）<span>2018-10-11
                </span></a></li>
            <li><a href="newsinfo.html">家装的全案整装，轻松消除两大装修顽疾
                <span>2018-10-11</span></a></li>
            <li><a href="#">隆诚装饰赫蒂夫工艺与质量管理八项原则<span>2018-10-11
                </span></a></li>
            <li><a href="#">精装房时代来临  家居品牌全能化<span>2018-10-11
                </span></a></li>
            <li><a href="#">金秋装修旺季来临  建材商促销迎旺季<span>2018-10-11
                </span></a></li>
        </ul>
    </section>
```

（4）打开 css 文件夹中的 index.css 文件，对主体右侧“新闻中心”部分的网页元素进行样式设置，CSS 代码如下：

```
#news{ width:490px;background: white;float:left;margin-right:10px;padding:10px;}
    #news h3,#search h3{color:#24A0A9;font-size:18px;margin:10px;}
    #news li{
        line-height: 36px;
        position: relative;
    }
    #news a{
        text-decoration:none;
        color:#333;
        background: url(../img/newsicon2.gif) no-repeat;
        text-indent:30px;
        display:block;
        font-size:14px;
    }
    #news span{position:absolute;right:10px;}
    #news a:hover{background-image:url(../img/newsicon.gif) ;}
```

（5）打开 web 项目中的 index.html 文件，根据页面效果添加主体最右侧“案例搜索”部分的网页元素源码，具体代码如下：

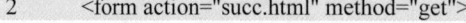

案例搜索

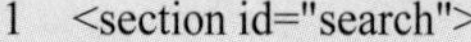

```
<section id="search">
    <form action="succ.html" method="get">
```

```
            <h3>案例搜索</h3>
            <p>团队：<input type="text" required="required"></p>
            <p>编号：<input type="text"></p>
            <p><input type="submit" value="搜索"></p>
        </form>
        <a href="#"><img src="img/buy.gif" width="270px"></a>
</section>
```

（6）打开 css 文件夹中的 index.css 文件，对主体右侧“案例搜索”部分的网页元素进行样式设置，CSS 代码如下：

```
#search{width:280px;float:left;}
    #search form{background:#fff;padding:10px 15px;margin-bottom:10px;}
    #search h3{
    background: url(../img/search.gif) no-repeat;
    line-height:50px;
    padding-left:50px;
    margin:0px 0px 10px 0px;
}
    #search input{
        border:1px solid#ccc;
        height:30px;
        margin-bottom:5px;
    }
    #search form p:nth-of-type(3) input{
        background: orange;
        border:none;
        padding:5px 15px;
        color:white;
        margin-left:48px;
        margin-top:10px;
    }
    #search img{width:280px;}
```

（7）打开 web 项目中的 index.html 文件，根据页面效果添加主体右侧“案例展示”部分的网页元素源码，具体代码如下：

案例展示

```
<section id="caseshow">
    <div>
        <h3>案例展示</h3><a href="#">MORE+</a>
    </div>
    <a href="#"><img src="img/case1.jpg"/></a>
    <a href="#"><img src="img/case2.jpg"/></a>
    <a href="#"><img src="img/case3.jpg"/></a>
    <a href="#"><img src="img/case4.jpg"/></a>
    <a href="#"><img src="img/case5.jpg"/></a>
    <a href="#"><img src="img/case6.jpg"/></a>
</section>
```

（8）打开 css 文件夹中的 index.css 文件，对主体右侧“案例展示”部分的网页元素进行样式设置，CSS 代码如下：

```
#caseshow{width:800px;background:white;float:left;margin-top:10px;padding-bottom:10px;}
#caseshow h3{float:left;}
#caseshow div a{
    float:right;margin:10px;
    font-size:14px;
    color:#999;
    text-decoration:none;
    font-weight:bold;
}
#caseshow div{overflow:hidden;}
#caseshow img{
    width:110px;
    margin:5px;
}
#caseshow img:first-child{margin-left:10px;}
```

（9）保存所有文件，整个首页的制作全部完成，浏览效果如图 6-33 所示。

图 6-33　首页最终效果

# 思考与练习

## 一、单选题

1．在 HTML 中，以下 css 属性中不属于盒子模型属性的是（　　）。

A．border　　B．padding　　C．float　　D．margin

2．在网页中有一个 id 为 content 的 div，以下（　　）正确设置了它的宽度为 200 像素，高度为 100 像素，并且向左浮动。

A．#content{width:200px;height:100px;float:left;}

B．#content{width:100px;height:200px;clear:left;}

C．#content{width:200px;height:100px;clear:left;}

D．#content{width:100px;height:200px;float:left;}

3．以下选项中（　　）是 HTML 常用的块状标签。

A．<span>　　B．<a>　　C．<br>　　D．<h1>

4．定位方式 position:static 表示（　　）。

A．绝对定位　　B．相对定位　　C．固定定位　　D．无特殊定位

5．以下选项中，可以设置页面中某个<div>标签相对页面水平居中的 CSS 样式是（　　）。

A．margin:0 auto　　B．padding:0 auto

C．text-align:center　　D．vertical-align:middle

6．在 HTML 中，以下关于 position 属性的设定值描述错误的是（　　）。

A．static 为默认值，没有定位，元素按照标准流进行布局

B．relative 属性值设置元素的相对定位，垂直方向的偏移量使用 up 或 down 属性来指定

C．absolute 表示绝对定位，需要配合 top、right、bottom、left 属性来实现元素的偏移量

D．用来实现偏移量的 left 和 right 等属性的值可以为负数

7．若某个标签里的内容超过标签的尺寸，则超出的内容自动隐藏的 CSS 样式是（　　）。

A．display:none　　B．visibility:hidden

C．overflow:hidden　　D．clear:both

8．在 HTML 中，div 默认样式下是不带滚动条的，若要使标签出现滚动条，需要为该标签定义（　　）样式。

A．overflow:hidden　　B．display:block

C．overflow:scroll　　D．display:scroll

9．在 CSS 中，为页面中的某个<div>标签设置样式，代码为 div{width:200px; padding:0 20px; border:5px;}，则该标签的实际宽度为（　　）。

A．200px　　B．220px　　C．240px　　D．250px

## 二、多选题

1．HTML 标签被定义成（　　）3 种类型。

A．行内元素　　B．块级元素　　C．行内块元素　　D．固定元素

2．阅读下面的 HTML 代码，若要使<dt>和<dd>标签在同一行显示，以下选项中 CSS 书写正确的是（　　）(选择两项)。

```
<dl>
    <dt>用户名：</dt>
    <dd><input type="text" name="userName"/></dd>
</dl>
```

A．dt,dd { float:left; }　　B．dl dd { float:left; }

C．dl dt, dl dd { float:left; }　　D．dl { display:inline; }

3．以下源码中第（　　）个单元格中的文字会变成红色。

```
<!DOCTYPE html>
<html>
    <head>
        <meta charset="UTF-8">
        <title>属性选择器2</title>
        <style type="text/css">
            td[class~="ab"]{color:red;}
        </style>
    </head>
    <body>
        <table border="1">
            <tr>
                <td>属性选择器td[class~="ab"]</td>
                <td>无属性</td>
                <td class="ab">第3个单元格</td>
                <td class="a b">第4个单元格</td>
                <td id="ab b">第5个单元格</td>
                <td class="3 ab -">第6个单元格</td>
            </tr>
        </table>
    </body>
</html>
```

A．3　　B．4　　C．5　　D．6

## 三、填空题

如果想将元素显示为行内块元素，应设置其________属性，属性值为________。

## 四、判断题

（　　）1．行内元素在浏览器中显示，从左到右独占一行，形状为矩形，可以定义宽度和高度、内边距和外边距等。

（　　）2．行内块元素同时具备行内元素和块级元素的特点，本质仍是行内元素，但是可以设置 width 和 height 属性值。

（　　）3．定位属性 position 是用于设定浏览器应如何来定位 HTML 元素的。

（　）4．元素位置属性 top、right、bottom、left 与定位方式 position 共同设置元素的具体位置。

（　）5．E > F 选择器用来选择 E 元素内的所有子元素 F。

（　）6．E + F 选择器用来选择 E 元素后面的所有兄弟元素 F。

（　）7．E ~ F 选择器用来选择在 E 元素后面的第一个兄弟元素 F。

## 五、操作题

在教学平台上的资料栏目中下载素材，为源码中的对象进行样式设置，最终效果如图 6-34 所示。

图 6-34　课后作业效果图

# 项目 7　网页动画制作

## 项目导读

运用 CSS2 无法实现网页对象的动画效果，需要使用 JavaScript 脚本或者 Flash 来实现，而在 CSS3 中提供了对动画有强大支持的属性：过渡、变形等，可以实现网页元素的旋转、缩放、位移、倾斜等效果。本项目在项目 6 的基础上完成动画效果的制作，分为过渡效果制作和动画效果制作两个子任务，主要介绍过渡属性、2D 变形属性、3D 变形属性和动画属性。

## 任务 1　过渡效果制作

### 任务目标

知识目标

- 掌握 transition 属性的语法和含义。

能力目标

- 能利用 transition 属性进行网页过渡动画的制作。

### 任务效果

运用 transition 属性对首页左侧的二级子菜单进行过渡动画的制作，当鼠标指针经过一级菜单时，有二级菜单的选项将以抽屉式的效果自左向右显示出二级菜单，效果如图 7-1 所示。

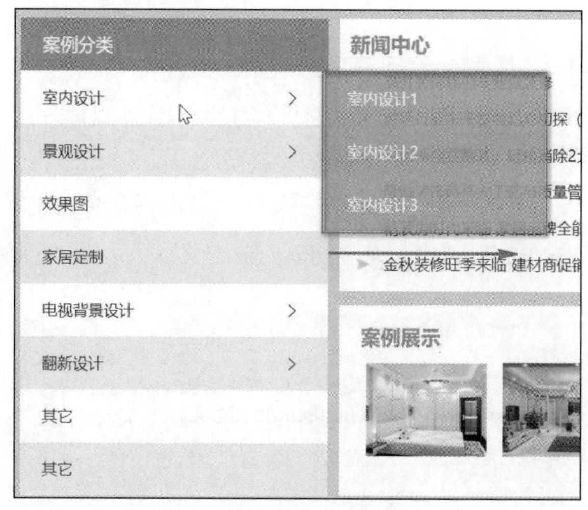


图 7-1　过渡效果

## 相关知识

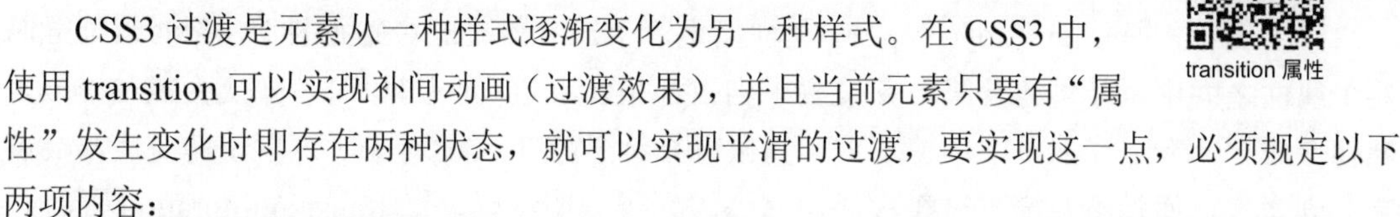


CSS3 过渡是元素从一种样式逐渐变化为另一种样式。在 CSS3 中，使用 transition 可以实现补间动画（过渡效果），并且当前元素只要有“属性”发生变化时即存在两种状态，就可以实现平滑的过渡，要实现这一点，必须规定以下两项内容：

- 指定要添加效果的 CSS 属性。
- 指定效果的持续时间。

1. transition-property

transition-property 属性规定应用过渡效果的 CSS 属性的名称。当指定的 CSS 属性改变时，过渡效果将开始。过渡效果通常在用户将鼠标指针浮动到元素上时发生。一定要设置 transition-duration 属性，否则时长为 0 时就不会产生过渡效果。

语法：transition-property: none|all|property;

transition-property 属性取值包括 none、all、property 三个，具体说明如表 7-1 所示。

表 7-1　transition-property 属性值

| 值 | 描述 |
|---|---|
| none | 没有属性会获得过渡效果 |
| all | 所有属性都将获得过渡效果 |
| property | 定义应用过渡效果的 CSS 属性名称列表，多个属性以逗号分隔 |

我们可以采用 hover 切换两种状态。

【Example7-1.html】

```
<!DOCTYPE html>
<html>
```

```
    <head>
        <meta charset="UTF-8">
        <title>transition-property 属性</title>
        <style type="text/css">
            .one{
                width:200px;
                height:100px;
                background:#ccc;
                transition-property:width,height;
            }
            .one:hover{width:300px;height:200px;}
        </style>
    </head>
    <body>
        <div class="one">请观察我宽度和高度的变化</div>
    </body>
</html>
```

在本例中，通过 transition-property 属性指定产生过渡效果的 CSS 属性为 width 和 height，两个属性之间用逗号进行分隔，并设置了当鼠标指针经过.one 对象时其宽度变成 300px，高度变成 200px。在网页中浏览本页，当鼠标指针悬停在.one 对象时，盒子的宽度与高度会立刻变化，但是不会产生过渡效果，这是因为我们还没有设置 transition-duration 属性，浏览与鼠标指针悬停时的对比效果如图 7-2 所示。

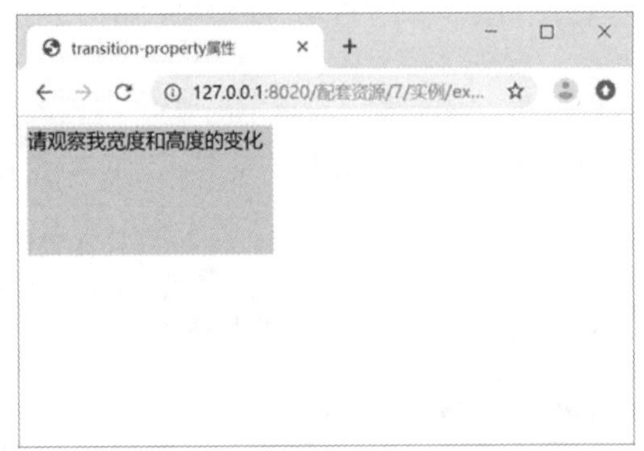


浏览效果

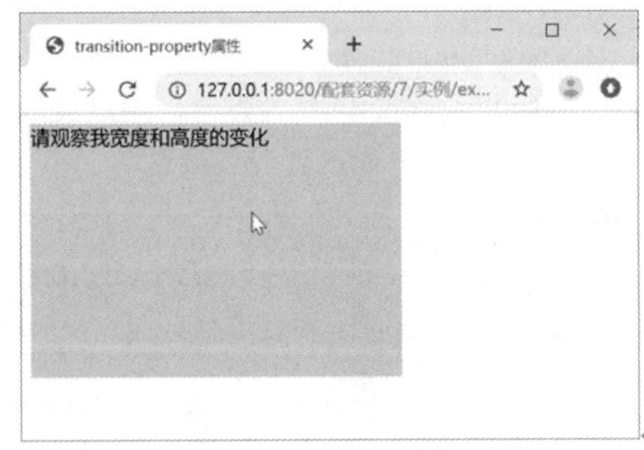


鼠标指针悬停时的效果

图 7-2　浏览与鼠标指针悬停时的对比效果

在这里要提到的是浏览器前缀。Vendor Prefix（浏览器引擎前缀）是一些放在 CSS 属性前的字符串，用来确保这种属性只在特定的浏览器渲染引擎下才能被识别和生效。谷歌浏览器和 Safari 浏览器使用的是 WebKit 渲染引擎，火狐浏览器使用的是 Gecko 引擎，Internet Explorer 使用的是 Trident 引擎，Opera 以前使用 Presto 引擎，后改为 WebKit 引擎。一种浏览器引擎中一般不实现其他引擎前缀标识的 CSS 属性，但由于以 WebKit 为引擎的移动浏览器相当流行，火狐等浏览器在其移动版里也实现了部分 WebKit 引擎前缀的 CSS 属性，浏览器前缀如表 7-2 所示。

表 7-2　浏览器前缀

| 前缀 | 浏览器 |
| --- | --- |
| -moz- | 火狐等使用 Gecko 引擎的浏览器 |
| -webkit- | Safari、谷歌等使用 Webkit 引擎的浏览器 |
| -o- | Opera 浏览器 |
| -ms- | Internet Explorer |

需要添加浏览器引擎前缀的属性有@keyframes、移动和变换属性（transition-property、transition-duration、transition-timing-function、transition-delay）、动画属性（animation-name、animation-duration、animation-timing-function、animation-delay）、border-radius、box-shadow、backface-visibility、column、flex、perspective。

私有属性的顺序要注意，把标准写法放到最后，兼容性写法放到前面。所以实例 Example7-1.html 中的 transition-property 属性的兼容性写法如下：

```
-webkit- transition-property: width,height;
-moz- transition-property: width,height;
-o- transition-property: width,height;
-ms- transition-property: width,height;
transition-property: width,height;          /*不带前缀的写在最后*/
```

在后续的实例中我们都使用谷歌浏览器的最新版，所有动画相关的属性都支持，所以在实例代码中就没有将全部的带前缀的写法写完整，如果使用其他浏览器，请在标准写法之前按上述方法添加前缀写法的代码。

2. transition-duration

transition- duration 属性规定完成过渡效果需要花费的时间（以秒（s）或毫秒（ms）计）。

语法：transition-duration:time;

time 规定完成过渡效果需要花费的时间（以秒或毫秒计）。默认值是 0，意味着不会产生效果。

【Example7-2.html】

```
<!DOCTYPE html>
<html>
    <head>
        <meta charset="UTF-8">
        <title>transition-property 属性</title>
        <style type="text/css">
            .one{
                width:200px;
                height:100px;
                background:#ccc;
```

```
                transition-property:width,height;
                transition-duration:2s;
            }
            .one:hover{width:300px;height:200px;}
        </style>
    </head>
    <body>
        <div class="one">请观察我宽度和高度的变化</div>
    </body>
</html>
```

在本例中，在.one 对象的样式里增加了 transition-duration:2s，用来定义过渡效果需要花费 2s 的时间，即在网页中浏览本页，当鼠标指针悬停在.one 对象时，盒子的宽度与高度会逐渐变宽和变高。

3. transition-timing-function

transition-timing-function 属性规定过渡效果的速度曲线，该属性允许过渡效果随着时间来改变其速度。

语法：transition-timing-function:linear|ease|ease-in|ease-out|ease-in-out|cubicbezier(n,n,n,n);

transition-property 属性取值有很多，常见的属性及具体说明如表 7-3 所示。

表 7-3 transition- tıming-functlon 属性值

| 值 | 描述 |
| --- | --- |
| linear | 规定以相同速度开始至结束的过渡效果（等于 cubic-bezier(0,0,1,1)） |
| ease | 规定慢速开始，然后变快，再慢速结束的过渡效果（cubic-bezier (0.25,0.1,0.25,1)） |
| ease-in | 规定以慢速开始的过渡效果（等于 cubic-bezier(0.42,0,1,1)） |
| ease-out | 规定以慢速结束的过渡效果（等于 cubic-bezier(0,0,0.58,1)） |
| ease-in-out | 规定以慢速开始和结束的过渡效果（等于 cubic-bezier(0.42,0,0.58,1)） |
| cubic-bezier(n,n,n,n) | 在 cubic-bezier 函数中定义自己的值，n 取介于 0～1 之间的数值 |

【Example7-3.html】

```
<!DOCTYPE html>
<html>
    <head>
        <meta charset="UTF-8">
        <title>transition-property 属性</title>
        <style type="text/css">
            .one{
                width:200px;
                height:100px;
                background:#ccc;
```

```
11                  position:absolute;
12                  left:0px;
13                  transition-property:left;
14                  transition-duration:2s;
15                  transition-timing-function:ease-in-out;
16              }
17              .one:hover{left:300px;}
18          </style>
19      </head>
20      <body>
21          <div class="one">请观察我宽度和高度的变化</div>
22      </body>
23  </html>
```

在本例中，通过 transition-property 属性指定产生过渡效果的 CSS 属性为 left，并用 transition-duration 属性指定过渡效果需要花费的时间为 2s，同时使用 transition-timing-function 属性指定过渡效果以慢速开始和结束。在网页中浏览本页，当鼠标指针悬停在.one 对象时，对象将从水平的 0px 开始，慢速地向右移动，然后逐渐加快，随后也慢下来移动到水平 300px 的位置，浏览与鼠标指针悬停时的对比效果如图 7-3 所示。

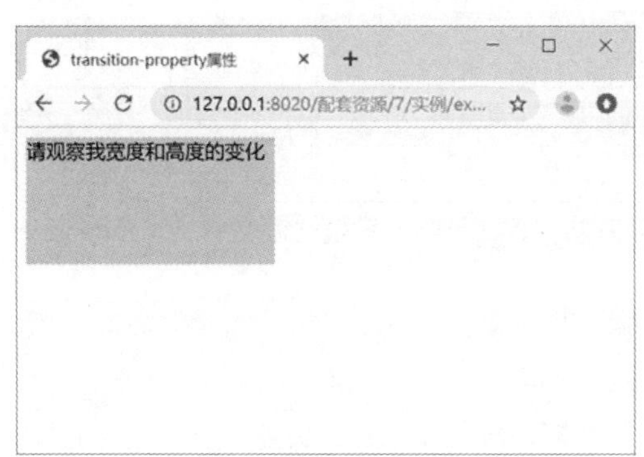

浏览效果

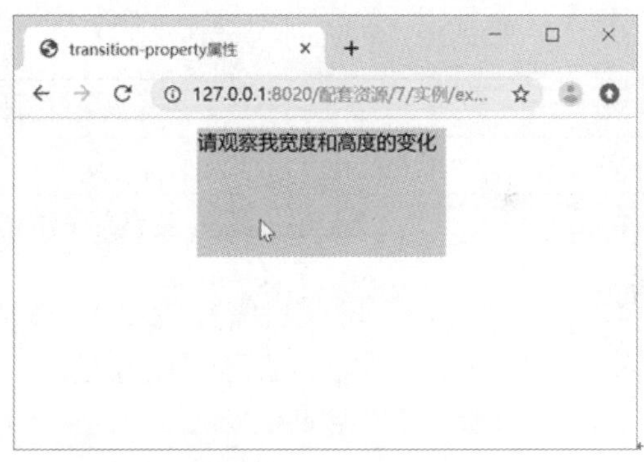

鼠标指针悬停时的效果

图 7-3　浏览与鼠标指针悬停时的对比效果

4. transition-delay

transition-delay 属性规定过渡效果何时开始，值以秒或毫秒计。

语法：transition-delay: time;

time 规定在过渡效果开始之前需要等待的时间，以秒或毫秒计。

如实例 Example7-3.html 中，如果我们在第 15 行代码后增加如下代码：

```
16  transition-delay:1s;
```

使用上述代码后，通过 transition-delay 属性指定过渡效果会延迟 1s 触发，即在网页中浏览本页，当鼠标指针悬停在.one 对象时，要等待 1s 后对象才会从水平的 0px 开始，慢速地向右移动，然后逐渐加快，随后也慢下来移动到水平 300px 的位置。

5. transition 属性

transition 属性是一个复合属性，用于在一个属性中设置 transition-property、transition-duration、transition-timing-function、transition-delay 四个过渡属性。

基本语法格式：transition: property duration timing-function delay;

在使用 transition 属性设置多个过渡效果时，它的各个参数必须按照顺序进行定义，不能颠倒，且各属性值之间用空格进行分隔。如实例 Example7-3.html 中设置的 4 个过渡属性，可以直接通过如下代码实现：

```
transition-property:left;
transition-duration:2s;
transition-timing-function:ease-in-out;
transition-delay:1s;
```

等价于：

```
transition:left 2s ease-in-out 1s;
```

6. transition 属性综合案例

下面用一个综合案例来学习 transition 的实际应用，实现了一张图片的过渡效果。

transition 综合案例

【Example7-4.html】

```
<!DOCTYPE html>
<html>
    <head>
        <meta charset="UTF-8">
        <title>transition 属性综合案例</title>
        <style type="text/css">
            body,div,a,p,img{margin:0px;padding:0px;}
            a{text-decoration:none;}
            div{
                width:451px;
                height:298px;
                border:6px solid #ccc;
                margin:20px;
                position:relative;
                overflow:hidden;
            }
            p{
                width:451px;
                height:298px;
                background:rgba(0,0,0,0.5);
                color:white;
                font-size:24px;
                text-align: center;
```

```
                    line-height:298px;
                    position:absolute;
                    left:0px;
                    top:100%;
                    transition:all1s;
                }
                div:hoverp{
                    top:0px;
                }
            </style>
        </head>
        <body>
            <div>
                <a href="#">
                    <img src="case6.jpg"/>
                <p>室内设计</p>
                </a>
            </div>
        </body>
</html>
```

本例中，运用过渡属性在图片的上面增加了一层透明的蒙版，当鼠标指针移入图片时，蒙版自图片底部上升至顶部，如图 7-4 所示。

图 7-4　图片过渡效果

## 实现步骤

二级菜单过渡效果

（1）打开 web 项目中的 index.html 文件，对首页左侧的二级子菜单进行过渡动画的属性设置，对左侧的一级菜单和二级菜单对象增加过渡效果设置，具体增加的代码如下：

```
#main_left li ol li{width:200px;}     /*设置二级菜单的列表宽度为 200px*/
#main_left li ol{
    width:0px;
    overflow:hidden;     /*当二级菜单的父级盒子为 0px 时，隐藏溢出的二级菜单列表文字内容*/
    transition-property:width;
    transition-duration:0.5s;
    transition-timing-function:ease-in;
}
#main_left li:hover ol{
    width:200px;     /*当鼠标指针经过一级菜单时二级菜单的盒子从 0px 过渡到 200px*/
}
```

（2）浏览首页，当鼠标指针经过主体左侧一级菜单时，有二级菜单的选项将以抽屉式的效果自左向右显示出二级菜单，效果如图 7-5 所示。

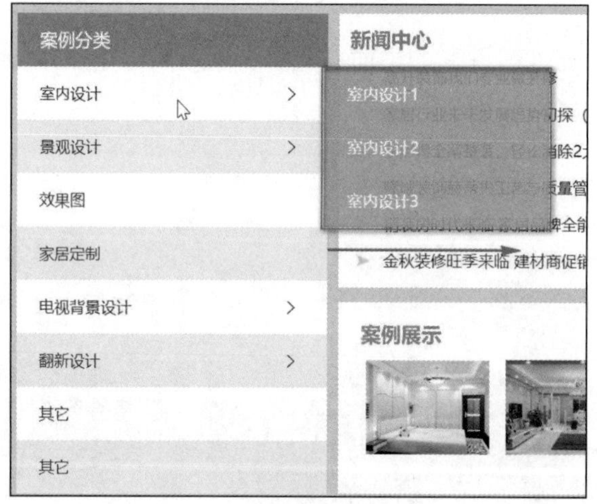


图 7-5　二级菜单显示效果

# 任务 2　动画效果制作

## 任务目标

知识目标

- 掌握 transform 属性中变形函数的语法和含义。

- 掌握动画定义相关属性的语法和含义。

能力目标

- 能利用 transform 属性的变形函数进行 2D 变形和 3D 变形效果的制作。
- 能利用 animation 属性进行网页对象动画的制作。

## 任务效果

运用 transform 和 animation 属性对首页案例展示模块进行动画的设置，使案例展示模块中的所有图片从右到左无缝滚动，效果如图 7-6 所示。

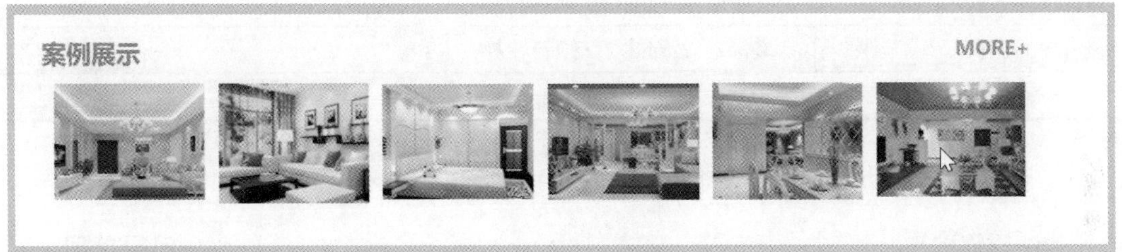


图 7-6　动画效果

## 相关知识

在网页设计中，变形效果可以让元素实现位置、形状的变化，例如移动、倾斜、缩放、翻转等效果。想要实现变形效果，就需要为元素设置变形属性，通过 CSS3 中的 transform 属性就可以实现变形效果。

语法：transform: none|transform-functions;

transform 的属性值有很多，具体如表 7-4 所示。

表 7-4　transform 的属性值

| 值 | 描述 |
|---|---|
| none | 定义不进行转换 |
| translate(x,y) | 定义 2D 位移转换 |
| translate3d(x,y,z) | 定义 3D 位移转换 |
| translateX(x) | 定义位移转换，只定义 X 轴的位移值 |
| translateY(y) | 定义位移转换，只定义 Y 轴的位移值 |
| translateZ(z) | 定义 3D 转换，只定义 Z 轴的位移值 |
| scale(x,y) | 定义 2D 缩放转换 |
| scale3d(x,y,z) | 定义 3D 缩放转换 |
| scaleX(x) | 通过设置 X 轴的值来定义缩放转换 |
| scaleY(y) | 通过设置 Y 轴的值来定义缩放转换 |

续表

| 值 | 描述 |
|---|---|
| scaleZ(z) | 通过设置 Z 轴的值来定义 3D 缩放转换 |
| rotate(angle) | 定义 2D 旋转，在参数中规定角度 |
| rotate3d(x,y,z,angle) | 定义 3D 旋转 |
| rotateX(angle) | 定义沿着 X 轴的 3D 旋转 |
| rotateY(angle) | 定义沿着 Y 轴的 3D 旋转 |
| rotateZ(angle) | 定义沿着 Z 轴的 3D 旋转 |
| skew(x-angle,y-angle) | 定义沿着 X 和 Y 轴的 2D 倾斜转换 |
| skewX(angle) | 定义沿着 X 轴的 2D 倾斜转换 |
| skewY(angle) | 定义沿着 Y 轴的 2D 倾斜转换 |
| perspective(n) | 为 3D 转换元素定义透视图 |

根据变形效果的不同，可以将变形分为 2D 变形和 3D 变形。

## 一、2D 变形

2D 变形

### 1. 位移

位移是指元素位置的变化。在 CSS3 中，使用 translate()方法可以实现位移效果。

语法：transform: translate(x-value,y-value)

translate()方法包含两个参数值，分别用于定义水平（X 轴）坐标和垂直（Y 轴）坐标。其中 x-value 指元素在水平方向上移动的距离，y -value 指元素在垂直方向上移动的距离，如果省略了第 2 个参数，则取默认值 0，当值为负数时，表示反方向移动元素。

在使用 translate()方法移动元素时，基点默认为元素中心点，然后根据指定的 X 坐标和 Y 坐标进行移动。

【Example7-5.html】

```
<!DOCTYPE html>
<html>
    <head>
        <meta charset="UTF-8">
        <title>2D 平移</title>
        <style type="text/css">
            div{
                width:100px;
                height:100px;
                background:#ccc;
                position:absolute;
                top:0px;
                left:0px;
                transition:all1s;
```

```
            }
            .two:hover{transform: translate(120px,50px);}
        </style>
    </head>
    <body>
        <div class="one">我是盒子 1</div>
        <div class="two">我是盒子 2，我进行了平移</div>
    </body>
</html>
```

在本例中，两个盒子用 position 属性定位在了浏览器的同一个位置上，盒子 2 覆盖了盒子 1，所以浏览后结果只看到了盒子 2，当鼠标指针悬停在盒子 2 上时，盒子 2 的中心点就沿 X 轴向右移动了 100px，沿着 Y 轴向下移动了 50px，效果如图 7-7 所示。

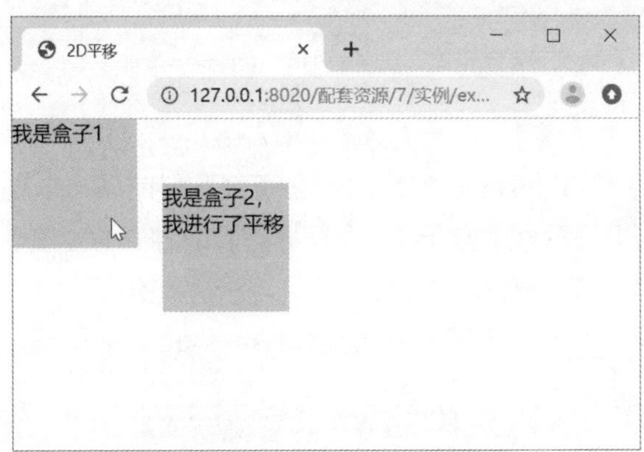


图 7-7　translate()方法实现平移效果

也可以使用 translateX()和 translateY()两个方法来定义，区别在于这两个方法只能定义单一轴的值，但效果和 translate()方法一样。

2. 缩放

缩放，指的是“缩小”和“放大”。在 CSS3 中，可以使用 scale()方法来将元素根据中心原点进行缩放。

语法：transform:scale(x-axis,y-axis)

x-axis 和 y-axis 参数值可以是正数、负数和小数，其中正数用于放大元素，负数用于翻转后缩放元素，小于 1 的小数用于缩小元素。如果省略了第 2 个参数，则第 2 个参数等于第 1 个参数值。

【Example7-6.html】

```
<!DOCTYPE html>
<html>
    <head>
        <meta charset="UTF-8">
        <title>2D 缩放</title>
        <style type="text/css">
            div{
```

```
                width:100px;
                height:100px;
                background:#ccc;
                position:absolute;
                top:50px;
                left:100px;
                transition:all1s;
            }
            .two{background:rgba(255,0,0,0.5);}
            .two:hover{transform: scale(0.5);}
        </style>
    </head>
    <body>
        <div class="one">我是盒子 1</div>
        <div class="two">我是盒子 2</div>
    </body>
</html>
```

在本例中，两个盒子用 position 属性定位在了浏览器的同一个位置上，盒子 2 覆盖了盒子 1，所以浏览后结果只看到了盒子 2，当鼠标指针悬停在盒子 2 上时，盒子 2 缩小到原来大小的一半，效果如图 7-8 所示。

图 7-8　scale()方法实现缩放效果

也可以使用 scaleX()和 scaleY()两个方法来定义，区别在于这两个方法只能定义单一轴的缩放值，另一轴的缩放值默认为 1。

3. 旋转

在 CSS3 中，可以使用 rotate()方法来将元素根据中心原点进行旋转。

语法：transform:rotate(angle);

参数 angle 表示要旋转的角度值。如果角度为正数值，则按照顺时针进行旋转，否则按照逆时针进行旋转。

【Example7-7.html】

```
<!DOCTYPE html>
<html>
```

```
    <head>
        <meta charset="UTF-8">
        <title>2D 旋转</title>
        <style type="text/css">
            div{
                width:100px;
                height:100px;
                background:#ccc;
                position:absolute;
                top:50px;
                left:100px;
                transition:all1s;
            }
            .two{background:rgba(255,0,0,0.5);}
            .two:hover{transform: rotate(30deg);}
        </style>
    </head>
    <body>
        <div class="one">我是盒子 1</div>
        <div class="two">我是盒子 2</div>
    </body>
</html>
```

在本例中，两个盒子用 position 属性定位在了浏览器的同一个位置上，盒子 2 覆盖了盒子 1，所以浏览后结果只看到了盒子 2，当鼠标指针悬停在盒子 2 上时，盒子 2 顺时针旋转了 30°，效果如图 7-9 所示。

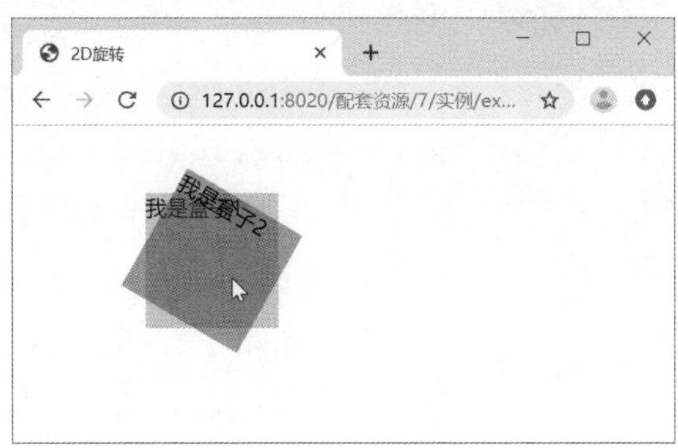


图 7-9　rotate()方法实现旋转效果

也可以使用 rotateX()和 rotateY()两个方法来定义，区别在于这两个方法只能定义单一轴的旋转角度，另一轴的旋转角度默认为 0。

4. 倾斜

在 CSS3 中，可以使用 skew()方法来将元素根据中心原点进行倾斜。

语法：transform:skew(x-angle,y-angle)

x-angle 和 y- angle 参数表示角度值，第 1 个参数表示相对于 X 轴进行倾斜，如果为正数则沿 X 轴向左倾斜，为负数则沿 X 轴向右倾斜；第 2 个参数表示相对于 Y 轴进行倾斜，如果为正数则沿 Y 轴向下倾斜，为负数则沿 Y 轴向上倾斜；如果省略了第 2 个参数，则取默认值 0。

【Example7-8.html】

```
<!DOCTYPE html>
<html>
    <head>
        <meta charset="UTF-8">
        <title>2D 倾斜</title>
        <style type="text/css">
            div{
                width:100px;
                height:100px;
                background:#ccc;
                position:absolute;
                top:50px;
                left:100px;
                transition:all1s;
            }
            .two{background:rgba(255,0,0,0.5);}
            .two:hover{transform: skew(30deg);}
        </style>
    </head>
    <body>
        <div class="one">我是盒子 1</div>
        <div class="two">我是盒子 2</div>
    </body>
</html>
```

在本例中，两个盒子用 position 属性定位在了浏览器的同一个位置上，盒子 2 覆盖了盒子 1，所以浏览后结果只看到了盒子 2，当鼠标指针悬停在盒子 2 上时，盒子 2 将沿 X 轴倾斜 30°，效果如图 7-10 所示。

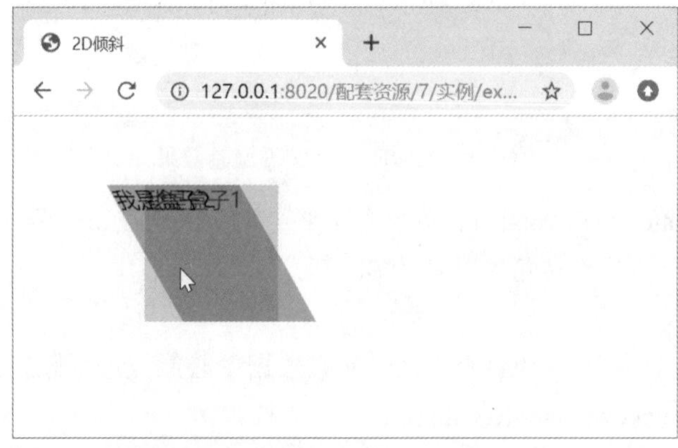


图 7-10　skew()方法实现倾斜效果

也可以使用 skewX()和 skewY()两个方法来定义，区别在于这两个方法只能定义单一轴的倾斜角度，另一轴的倾斜角度默认为 0。

5. 更改变形中心点

CSS 变形进行的旋转、移位、缩放等操作都是以元素自己的中心（变形原点）位置进行变形的，默认情况下，对象的变形原点都是 X 轴与 Y 轴的中心位置。但很多时候需要在不同的位置对元素进行变形操作，我们就可以使用 transform-origin 来对元素的原点位置进行改变，使元素原点不在元素的中心位置，以达到需要的原点位置，2D 变形和 3D 变形都适用。

语法：transform-origin:x-axis y-axis z-axis;

transform-origin 属性包含 3 个参数，各参数的具体含义如表 7-5 所示。

表 7-5 transform-origin 属性值

| 值 | 描述 |
| --- | --- |
| x-axis | 定义视图被置于 X 轴的何处，默认值为 50%，可能的值：left、center、right、length、% |
| y-axis | 定义视图被置于 Y 轴的何处，默认值为 50%，可能的值：top、center、bottom、length、% |
| z-axis | 定义视图被置于 Z 轴的何处，默认值为 0，可能的值：length |

如在 Example7-7.html 的旋转案例中，我们在第 16 行.two 对象的样式中添加一行代码改变变形中心点的位置，具体代码如下：

```
.two{
	background:rgba(255,0,0,0.5);
	transform-origin:lefttop;
}
```

浏览网页，当鼠标指针悬停在盒子 2 上方时，效果如图 7-11 所示。

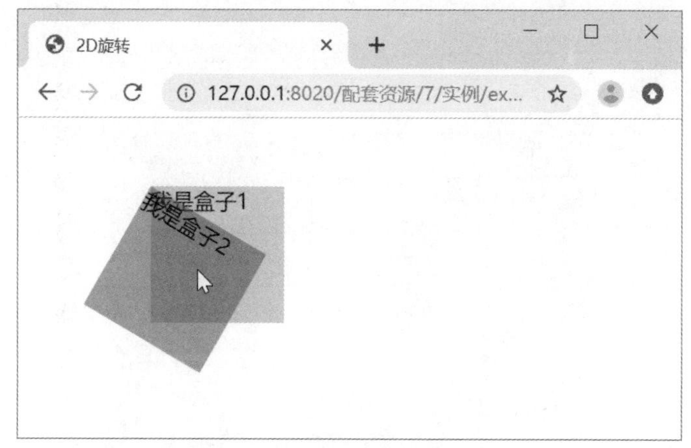


图 7-11 改变变形中心点

6. 2D 变形综合案例

2D 变形综合案例

下面用一个综合案例来演示各种 2D 变形效果的应用。

【Example7-9.html】

```
<!DOCTYPE html>
<html>
    <head>
        <meta charset="UTF-8">
        <title>2D 变形综合案例</title>
        <style type="text/css">
            div{
                width:500px;
                height:330px;
                border:10px solid #FDA97B;
                position:absolute;
                top:50%;
                left:50%;
                transform: translate(-50%,-50%);
                overflow:hidden;
            }
            img{transition:all2s;}
            img:hover{transform: scale(1.5) rotate(360deg);}
        </style>
    </head>
    <body>
        <div><img src="img/dog.png"/></div>
    </body>
</html>
```

以上案例应用了 2D 变形的 3 个效果，即平移、缩放、旋转实现了一张图片的绝对居中展示，效果如图 7-12 所示。

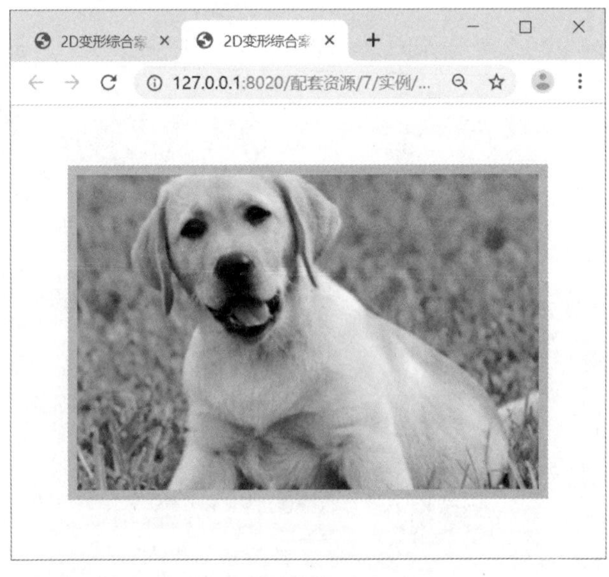


图 7-12　2D 变形综合案例效果

## 二、3D 变形

在了解 3D 变形操作之前，先要了解三维坐标系统。3D 变形与 2D 变形最大的区别就是它们参考的坐标轴不同，2D 变形的坐标轴是平面的，只存在 X 轴和 Y 轴，而 3D 变形的坐标轴则是 X、Y、Z 三条轴组成的立体空间，X 轴正向是朝右，Y 轴正向是朝下，Z 轴正向是朝屏幕外，如图 7-13 所示。

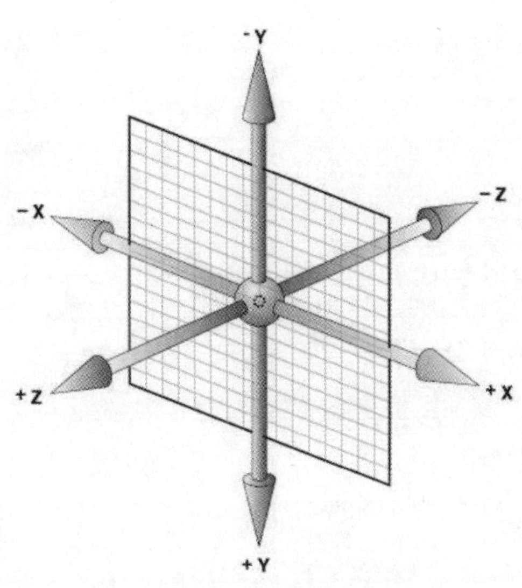


图 7-13　三维坐标系统

### 1. perspective

因为我们要在浏览器上查看 3D 效果，所以要运用透视的原理来进行表现，假设浏览器平面是一个三维空间。只要是 3D 场景都会涉及视角问题和透视问题，可以用以下方法来解决：

- 选择透视方式，也就是近大远小的显示方式。
- 镜头方向只能是平行 Z 轴向屏幕内，也就是从屏幕正前方向里看。
- 可以调整镜头与平面的位置。

perspective 属性定义 3D 元素距视图的距离，以像素计。该属性允许改变 3D 元素是怎样查看透视图的，当为元素定义 perspective 属性时，其子元素会获得透视效果，而不是元素本身。

语法：perspective: number|none;

number 为元素距离视图的距离，以像素计。

示例：perspective:300px;

上例中 perspective 属性设置了镜头到元素平面的距离。所有元素都是放置在 z=0 的平面上，而“perspective:300px;”表示镜头距离元素平面为 300 像素。单独设置一个 perspective 属性是没有效果的，只有对象进行了 3D 效果的应用才能看到效果。

2. 3D 位移

translateX()方法在 2D 和 3D 空间里的表现都是一样的，这里就不再演示了。在 CSS3 中 3D 位移主要包括两种函数 translateZ()和 translate3d()。

3D 平移效果

translateZ()方法可以让元素沿 Z 轴进行位移。

语法：tranform:translateZ(value);

value 用于定义元素沿 Z 轴进行位移的距离，如果为正数，元素会变大，如果为负数则元素会变小。

【Example7-10.html】

```
<!DOCTYPE html>
<html>
    <head>
        <meta charset="UTF-8">
        <title>translateZ()</title>
        <style type="text/css">
            section{
                width:220px;
                margin:20px auto;
                height:220px;
                border:1px solid red;
                perspective:500px;    /*设置透视距离*/
            }
            .one{
                width:200px;
                margin:10px auto;
                height:200px;
                background:#ccc;
                transition:all1s;
            }
            section:hover .one{
                transform: translateZ(100px);
            }
        </style>
    </head>
    <body>
        <section>
            <div class="one">我是一个盒子</div>
        </section>
    </body>
</html>
```

在本例中，运用 tranlateZ()方法对对象.one 进行了 Z 轴上的位移，值为 100px，浏览网页后，将鼠标指针悬停在 section 上时，.one 对象会进行放大，超出了父级盒子 section，前后的效果对比如图 7-14 所示。

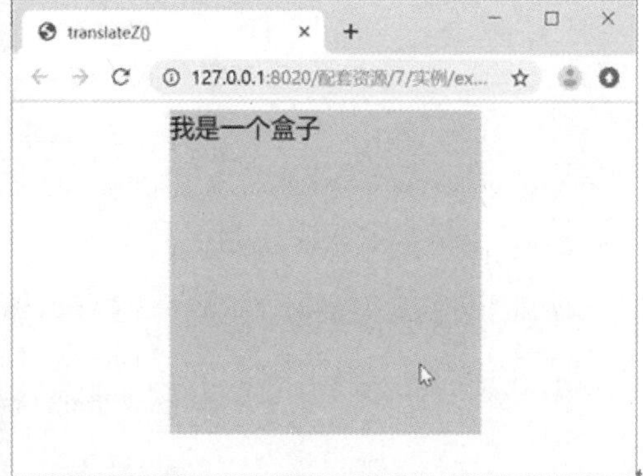


图 7-14　前后效果对比

其中第 22 行代码也可以用 translate3d()方法进行替代，具体代码如下：

```
transform: translate3d(0px,0px,100px);
```

translate3d()方法就是将 3 个方位上的位移值一起进行定义。

3. 3D 旋转

3D 旋转方法

在 3D 变形中，可以让元素在任何轴上旋转。CSS3 新增 3 个旋转函数：rotateX()、rotateY()和 rotateZ()，分别用来定义 3 个轴的旋转角度。角度如果为正数，元素则绕相应轴顺时针旋转；角度如果为负数，元素则绕相应轴逆时针旋转。

【Example7-11.html】

```
<!DOCTYPE html>
<html>
    <head>
        <meta charset="UTF-8">
        <title>3D 旋转</title>
        <style type="text/css">
            section{
                width:100px;
                height:100px;
                float:left;
                margin: 50px;
                position: relative;
                perspective: 500px;     /*定义父级盒子透视距离*/
            }
            div{
                width:100px;
                height:100px;
                background:#ccc;
                transition:all1s;
            }
```

```
            .two{
                position:absolute;
                top:0px;
                left:0px;
                background:rgba(255,0,0,0.5);
            }
            #box1 .two{transform: rotateX(60deg);}
            #box2 .two{transform: rotateY(60deg);}
            #box3 .two{transform: rotateZ(60deg);}
        </style>
    </head>
    <body>
        <section id="box1">
            <div class="one">我是盒子 1</div>
            <div class="two">我是盒子 2</div>
        </section>
        <section id="box2">
            <div class="one">我是盒子 1</div>
            <div class="two">我是盒子 2</div>
        </section>
        <section id="box3">
            <div class="one">我是盒子 1</div>
            <div class="two">我是盒子 2</div>
        </section>
    </body>
</html>
```

3D 旋转效果解析

在本例中，运用 rotate()方法对 3 个大盒子中的.two 分别进行了 3 个轴上的 3D 旋转设置，从左到右的效果如图 7-15 所示。

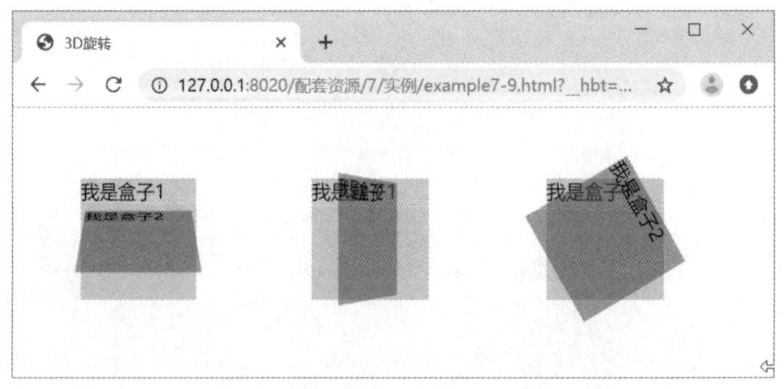


图 7-15　3D 旋转效果

4. 其他属性

在 CSS3 中还包含一些转换的属性，通过这些属性可以辅助设置不同的转换效果，如表 7-6 所示。

表 7-6　其他辅助属性

| 属性 | 描述 |
| --- | --- |
| transform-style | 规定被嵌套元素如何在 3D 空间中显示，其中默认值为 flat，表示所有子元素在 2D 平面呈现。如果属性值定义为 preserve-3d，表示所有子元素在 3D 空间中呈现 |
| perspective-origin | 指定了观察者的位置，用作 perspective 属性的消失点，默认值为 50% |
| backface-visibility | 指定当元素背面朝向观察者时是否可见，值为 visible 代表背面朝向用户时可见，值为 hidden 代表背面朝向用户时不可见 |

### 5. 3D 变形综合案例

下面用一个综合案例来演示各种 3D 变形效果的应用。

变形综合案例

【Example7-12.html】

```
<!DOCTYPE html>
<html>
    <head>
        <meta charset="UTF-8">
        <title>3D 变形综合案例</title>
        <style type="text/css">
            @font-face {
                font-family:hk;
                src: url(img/hkhb.ttf);
            }
            h1{
                text-align: center;
                color:orangered;
                font-family: hk;
            }
            div{
                width:350px;
                height:230px;
                margin:50px auto;
                position:relative;
                perspective:1000px;
            }
            img{
                position:absolute;
                border:10px ridge #E38B29;
                transition:all 3s;
            }
            .before{backface-visibility:hidden;}
            .back{transform: rotateY(180deg);}
            div:hover .before{transform: rotateY(180deg);}
            div:hover .back{transform: rotateY(360deg)}
        </style>
```

```
	</head>
	<body>
		<h1>没有一个冬天不可逾越</h1>
		<h1>没有一个春天不会来临</h1>
		<div>
			<img src="img/spring.jpg"class="back"/>
			<img src="img/winter.jpg"class="before"/>
		</div>
	</body>
</html>
```

在本例中，运用 3D 变形中的 rotateY()方法完成了当鼠标指针经过时图片两面翻转的效果，如图 7-16 所示。

图 7-16　两面翻转的效果

## 三、动画

animation 动画

在 CSS3 中，过渡效果只能定义元素过程动画，并不能对过程中的某一环节进行控制。为了实现更加丰富的动画效果，CSS3 提供了 animation 属性，使用该属性可以定义复杂的动画效果。CSS3 的 animation 属性可以像 Flash 制作动画一样，通过关键帧控制动画的每一步，实现更为复杂的动画效果，建立步骤如下：

（1）利用@keyframes 声明一个关键帧组。

（2）在 animation 属性中调用上述声明的关键帧组来实现动画。

1. @keyframes

animation 属性只有配合 keyframes 规则才能实现动画效果，keyframes 规则的语法格式如下：

```
@keyframes animationname{
        keyframes-selector{css-styles;}
}
```

在上面的语法格式中，@keyframes 规则包含的参数的具体含义如下：

- animationname：表示当前动画的名称，它将作为引用时的唯一标识，因此不能为空。
- keyframes-selector：关键帧选择器，即指定当前关键帧要应用到整个动画过程中的位置，其值可以是一个百分比、from 或 to。其中，from 和 0%的效果相同，表示动画的开始；to 和 100%的效果相同，表示动画的结束。
- css -styles：一个或多个合法的 CSS 样式属性，定义执行到当前关键帧时对应的动画状态，由 CSS 样式属性进行定义，多个属性之间用分号分隔，不能为空。

如以下代码，可以定义一个对象的背景变化动画。

```
@keyframes changebg{
                    from{background: blue;}
                    to{background: yellow;}
               }
```

等价于：

```
@keyframes changebg{
                    0%{background: blue;}
                    100%{background: yellow;}
               }
```

上述代码创建了一个名为 changebg 的动画，该动画在开始时背景颜色为蓝色，动画结束时背景颜色为黄色。

对于@keyframe 规则，可以定义多个位置的动画，以上代码中还可以增加多个位置进行背景颜色的变化，具体代码如下：

```
@keyframes changebg{
                    0%{background: blue;}
                    20%{background: yellow;}
                    40%{background: red;}
                    60%{background: green;}
                    80%{background: orange;}
                    100%{background: purple;}
               }
```

也就是说在 0%～100%之间可以指定 n 个位置，但 0%和 100%必须定义。

当在@keyframes 中创建动画时，需要把它捆绑到某个选择器上，否则就不会产生动画效果。至少规定以下两项 CSS3 动画属性：animation-name 和 animation-duration 才能将动画绑定到选择器上。

2. animation 属性

运用@keyframes 规则定义动画是制作动画效果的前提，还需要 animation 来定义动画应用的相关属性。animation 属性是一个简写属性，用于设置下述 7 个动画属性。

（1）animation-name。该属性用于定义要应用的动画名称，为@keyframes 规则中定义好的动画名称。

语法：animation-name:keyframename|none;

语法中，keyframename 参数用于规定需要绑定到选择器的 keyframe 名称，如果值为 none，则表示不应用任何动画，通常用于覆盖或者取消动画。

（2）animation-duration。该属性用于定义整个动画效果完成所需要的时间，以秒或毫秒计。

语法：animation-duration:time;

语法中，animation-duration 属性的初始值为 0，time 多数是以秒（s）或毫秒（ms）为单位的时间，默认值为 0，表示没有任何动画效果。

【Example7-13.html】

```
1  <!DOCTYPE html>
2  <html>
3      <head>
4          <meta charset="UTF-8">
5          <title>动画定义</title>
6          <style type="text/css">
7              @keyframes move{
8                  0%{transform: translateX(0px);}
9                  100%{transform: translateX(200px);}
10             }
11             div{
12                 width:100px;
13                 height:100px;
14                 margin:20px;
15                 background: red;
16                 border:1px dashed black;
17                 animation-name:move;
18                 animation-duration:2s;}
19         </style>
20     </head>
21     <body>
22         <div class="one">方块</div>
23     </body>
24 </html>
```

动画应用

在本例中，运用@keyframes 规则定义了一个沿 X 轴位移的动画效果，在第 17 行使用 animation-name 定义了 div 对象应用定义好的位移动画名称 move，在第 18 行使用

animation-duration 定义了动画完成的时间为 2s，过程效果如图 7-17 所示。

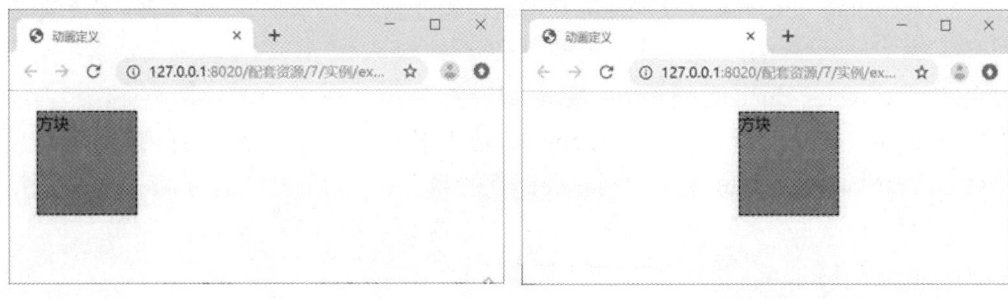


图 7-17 动画执行效果

（3）animation-timing-function。该属性用来规定动画的速度曲线，定义使用哪种方式执行动画效果。简单地说就是动画在规定的时间内以何种速度的效果来展示。

语法：animation-timing-function:value;

animation-timing-function 的默认值为 ease，其他的具体取值说明如表 7-7 所示。

表 7-7 animation- timing-function 属性值

| 值 | 描述 |
|---|---|
| linear | 动画从头到尾的速度都是相同的 |
| ease | 默认。动画以低速开始，然后加快，在结束前变慢 |
| ease-in | 动画以低速开始 |
| ease-out | 动画以低速结束 |
| ease-in-out | 动画以低速开始和结束 |
| cubic-bezier(n,n,n,n) | 在 cubic-bezier 函数中定义自己的值，可能的取值范围为 0～1 |

（4）animation-delay。该属性用于定义执行动画效果之前延迟的时间，即规定动画什么时候开始。

语法：animation-delay:time;

参数 time 用于定义动画开始前等待的时间，其单位是秒或毫秒，默认属性值为 0。animation-delay 属性适用于所有的块级元素和行内元素。

示例：animation-delay:2s;

上述代码表示设置动画效果将延迟 2s 后开始执行。

（5）animation-iteration-count。该属性用于定义动画的播放次数。

语法：animation-iteration-count:number|infinite;

animation-iteration-count 属性初始值为 1，适用于所有的块级元素和行内元素。如果属性值为 number，则用于定义播放动画的次数；如果为 infinite，则指定动画循环播放。

示例：animation-iteration-count:2;

上述代码使用 animation-iteration-count 属性定义动画效果播放 2 次，从开始到结束连续播放 2 次后停止。

（6）animation-direction。该属性定义当前动画播放的方向，即动画播放完成后是否逆向交替循环。

语法：animation-direction:normal|alternate;

animation-direction 属性初始值为 normal，适用于所有的块级元素和行内元素。该属性包括两个值，默认值 normal 表示动画每次都会正常显示；如果属性值为 alternate，则动画会在奇数次数（1、3、5 等）正常播放，而在偶数次数（2、4、6 等）逆向播放。

【Example7-14.html】

```
<!DOCTYPE html>
<html>
    <head>
        <meta charset="UTF-8">
        <title>animation-direction 属性</title>
        <style type="text/css">
            @keyframes move{
                0%{transform: translateX(0px);}
                100%{transform: translateX(200px);}
            }
            div{
                width:100px;
                height:100px;
                margin:20px;
                background: red;
                border:1px dashed black;
                animation-name:move;                /*定义动画名称*/
                animation-duration:2s;              /*定义动画播放时间*/
                animation-timing-function: linear;  /*定义动画的速度曲线*/
                animation-delay:0.5s;               /*定义动画延迟时间*/
                animation-iteration-count:6;        /*定义动画的播放次数*/
                animation-direction:alternate;      /*定义动画播放方向*/
            }
        </style>
    </head>
    <body>
        <div class="one">方块</div>
    </body>
</html>
```

在本例中，运用 animation-timing-function 属性定义了动画的速度曲线为匀速，运用 animation-delay 属性定义了延迟 0.5s 播放，运用 animation-iteration-count 属性定义动画播放 6 次，运用 animation-direction 属性定义了动画在奇数次数（1、3、5）正常播放，在偶数次数（2、4、6）逆向播放，效果如图 7-18 所示。

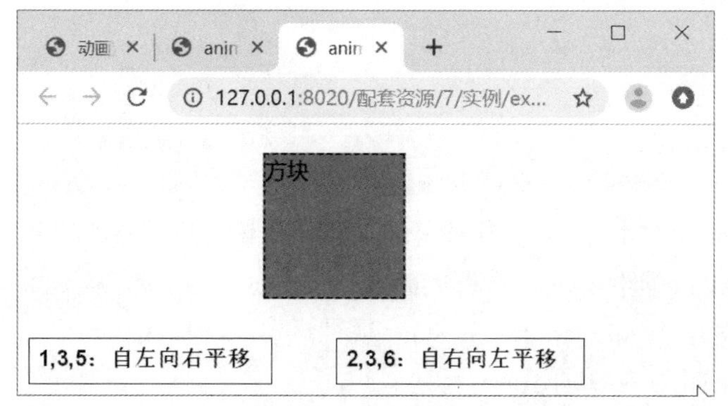


图 7-18　运用 animation-direction 属性设置动画播放效果

（7）animation-play-state。该属性定义一个动画是否运行或者暂停。

语法：animation-play-state: none|paused| running;

animation-play-state 属性初始值为 none，适用于所有的块元素和行内元素。该属性包括两个值，running 表示规定动画正在播放；如果属性值为 paused，则用来规定动画暂停。要注意的是如果恢复一个已暂停的动画，将从它开始暂停的时候，而不是从动画序列的起点开始再播放动画。

【Example7-15.html】

```
<!DOCTYPE html>
<html>
    <head>
        <meta charset="UTF-8">
        <title>animation-play-state 属性</title>
        <style type="text/css">
            @keyframes move{
                0%{transform: translateX(0px);}
                100%{transform: translateX(200px);}
            }
            div{
                width:100px;
                height:100px;
                margin:20px;
                background: red;
                border:1pxdashed black;
                animation-name:move;                    /*定义动画名称*/
                animation-duration:2s;                  /*定义动画播放时间*/
                animation-timing-function: linear;      /*定义动画的速度曲线*/
                animation-iteration-count:6;            /*定义动画的播放次数*/
                animation-direction:alternate;          /*定义动画播放方向*/
                animation-play-state:paused;            /*定义动画开始时暂停*/
            }
            .one:hover{animation-play-state:running  /*定义动画播放*/}
        </style>
```

```
26        </head>
27        <body>
28            <div class="one">方块</div>
29        </body>
30    </html>
```

本例是在 Example7-14.html 的基础上增加了动画播放与暂停的控制，在第 22 行代码运用 animation-play-state 属性定义动画开始时就暂停播放，第 24 行代码中定义当鼠标指针悬停在.one 对象上时运用 animation-play-state 属性设置动画播放，当鼠标指针移开时动画又会停止播放，效果如图 7-19 所示。

图 7-19　运用 animation-play-state 属性设置动画播放效果

## 实现步骤

案例展示跑马灯

（1）打开 web 项目中的 index.html 文件，对首页右侧案例展示模块中的图片代码进行修改，以便能够设置无缝滚动的动画效果，具体代码如下：

```
<section id="caseshow">
    <div>
        <h3>案例展示</h3><a href="#">MORE+</a>
    </div>
    <ul>
        <li>
            <a href="#"><img src="img/case1.jpg"/></a>
            <a href="#"><img src="img/case2.jpg"/></a>
            <a href="#"><img src="img/case3.jpg"/></a>
            <a href="#"><img src="img/case4.jpg"/></a>
            <a href="#"><img src="img/case5.jpg"/></a>
            <a href="#"><img src="img/case6.jpg"/></a>
            <!--用来补足第一轮动画位移之后的空白区域-->
            <a href="#"><img src="img/case1.jpg"/></a>
            <a href="#"><img src="img/case2.jpg"/></a>
            <a href="#"><img src="img/case3.jpg"/></a>
            <a href="#"><img src="img/case4.jpg"/></a>
            <a href="#"><img src="img/case5.jpg"/></a>
```

```
                <a href="#"><img src="img/case6.jpg"/></a>
            </li>
        </ul>
```

（2）打开 web 项目 css 文件夹中的 index.css 文件，对首页右侧案例展示模块中的对象进行样式设置，以便能够设置无缝滚动的动画效果，具体样式代码如下：

```
#caseshow img{
    width:110px;
    margin:5px;
    float:left;
}
/*#caseshow img:first-child{margin-left: 10px;}*/
@keyframes casemarquee{/*定义动画*/
    from{transform: translateX(0px);}
    to{transform: translateX(-720px);}
}
#caseshow ul{width:720px;overflow:hidden;margin-left:20px;}
#caseshow ul li{animation: casemarquee 10s linea rinfinite;width:200%;}
#caseshow ul:hover li{animation-play-state:paused;}      /*动画暂停*/
```

（3）保存所有文件，浏览网页后案例展示中的所有图片自左向右无缝滚动，当鼠标指针悬停在图片上时动画停止，效果如图 7-20 所示。

图 7-20　图片自左向右无缝滚动

# 思考与练习

## 一、选择题

1．以下关于 transition-delay 属性的描述，错误的是（　　）。

A．transition-delay 的属性值为 0 时，过渡动作没有延迟效果

B．transition-delay 的属性值为正数时，过渡动作会被延迟触发

C．transition-delay 的属性值为负数时，过渡动作没有延迟效果

D．transition-delay 的属性值为负数时，过渡动作在该时间点开始，之前的动作被截断

2．以下属性中（　　）是用来设置过渡效果的。

A．transform　　B．transition　　C．animation　　D．@keyframes

3．以下属性中（　　）是用来设置过渡时间的。

A．transition-property　　B．transition-timing-function

C．transition-duration　　D．transition-delay

4．设置过渡效果的速度曲线时设置为：transition-timing-funtion:linear，代表指定（　　）。

A．以相同速度开始至结束的过渡效果

B．以慢速开始，然后加快，最后慢慢结束的过渡效果

C．以慢速开始，然后逐渐加快（淡入效果）的过渡效果

D．以慢速结束（淡出效果）的过渡效果

5．设置过渡效果的速度曲线时设置为：transition-timing-function:ease-in-out，代表指定（　　）。

A．以相同速度开始至结束的过渡效果

B．以慢速开始，然后加快，最后慢慢结束的过渡效果

C．以慢速开始，然后逐渐加快（淡入效果）的过渡效果

D．以慢速开始和结束的过渡效果

6．transform 属性可以为对象设置变形效果，（　　）方法可以设置倾斜效果。

A．translate()　　B．scale()　　C．skew()　　D．rotate()

7．transform:translate(100px,-20px)，代表（　　）。

A．对象在原位置水平方向上向右移动 100px，垂直方向上向上移动 20px

B．对象在原位置水平方向上向右移动 100px，垂直方向上向下移动 20px

C．对象在原位置水平方向上向左移动 100px，垂直方向上向上移动 20px

D．对象在原位置水平方向上向左移动 100px，垂直方向上向下移动 20px

8．transform-style:preserve-3d 代表定义该对象中的所有子元素在（　　）空间中呈现。

A．3D　　B．2D　　C．平面　　D．多维

9．以下属性中（　　）是用来定义对象应用动画名称的。

A．animation-name　　B．animation-duration

C．animation-timing-function　　D．animation-delay

10．以下属性中（　　）用来定义动画完成一个周期所需要的时间。

A．animation-name　　B．animation-duration

C．animation-timing-function　　D．animation-delay

11．以下属性中（　　）用来定义动画的速度曲线。

A．animation-name　　B．animation-duration

C．animation-timing-function　　D．animation-delay

12．以下代码中（　　）用来定义动画的播放次数为无限循环播放。

A．animation-iteration-count:inherit;　　B．animation-iteration-count:infinite;

C．animation-iteration-count:alternate;　　D．animation-iteration-count:initial;

13．以下属性中（　　）用来定义当前动画播放的方向。

A．animation-name　　B．animation-iteration-count

C．animation-direction　　D．animation-delay

14．以下属性中（　　）用来定义当前动画是正在运行还是暂停，值为 paused 代表暂停，值为 running 代表播放。

A．animation-name　　B．animation-iteration-count

C．animation-direction　　D．animation-play-state

15．如果希望动画效果能够在奇数次数（1、3、5 等）正常播放，而在偶数次数（2、4、6 等）逆向播放，那么 animation-direction 属性的值应该设置为（　　）。

A．infinite　　B．ture　　C．alternate　　D．loop

16．以下两段代码的含义和作用（　　）。

```
@keyframes myfirst
{
     0%{width:20px;}
    100%{width:300px;}
}
```

和

```
@keyframes myfirst{
    from{width:20px;}
    to{width:300px;}
}
```

A．一样　　B．不一样　　C．部分一样　　D．不确定

17．如果一个对象设置了以下动画属性：

```
animation-name:mymoving;
animation-duration:3s;
animation-timing-function:ease-in;
animation-delay:1s;
animation-iteration-count:infinite;
animation-direction:alternate;
```

则可以简写为（　　）。

A．animation: mymoving 3s ease-in 1s infinite alternate;

B．animation-name: mymoving 3s ease-in 1s infinite alternate;

C．@keyframes: mymoving 3s ease-in 1s infinite alternate;

D．animation-duration: mymoving 3s ease-in 1s infinite alternate;

## 二、填空题

1．________属性是用来设置变形中心点位置的。

2．在 2D 变形 transform: ________(x-axis,y-axis)语法中，x-axis 和 y-axis 参数值可以是正数、负数和小数，其中正数用于________元素，负数用于________后缩放元素，小于 1

的小数用于________元素，如果省略了第 2 个参数，则第 2 个参数________第 1 个参数值。

3．在 2D 变形 transform: ________(angle)语法中，参数 angle 表示要旋转的角度值。如果角度为正数值，则按照________进行旋转，否则按照________旋转。

4．在 2D 变形 transform: skew(x-angle,y-angle)语法中，x-angle 和 y-angle 参数表示角度值，第 1 个参数表示相对于 X 轴进行倾斜，第 2 个参数表示相对于 Y 轴进行倾斜，如果省略了第 2 个参数，则取默认值________。

5．在设置 transform3D 变形效果时，________方法代表指定元素围绕 X 轴旋转。

6．在设置 transform3D 变形效果时，________方法代表指定元素围绕 Y 轴旋转。

7．________属性用来定义 3D 元素距视图的距离，以像素计，当为元素定义该属性时，其子元素会获得透视效果，而不是元素本身。

# 项目 8　综合实战——企业网站设计与制作

## 项目导读

网站由多个网页组成，网站页面包括首页和内页，不同的页面有其不同的结构组成。通过前 7 个项目的学习，我们已经掌握了 HTML5 的常用标签、CSS3 选择器、CSS3 各类属性等，能运用标签、样式及选择器进行网页的布局、模块效果的制作和动画效果的制作。本项目我们来进行实战演练，完成一个企业网站的设计与制作，包括网站设计与制作准备、网站首页制作、网站二级页面制作、网站三级页面制作 4 个子任务。本项目主要介绍网站设计与制作的基本流程、网站首页及内页的模块构成及制作技巧，并对前期的知识点和技能点进行复习，达到综合应用的目的。

## 任务 1　网站设计与制作准备

### 一、网站主题确定

1. 网站定位

一般企业网站都会根据自己的产品或者业务领域来确定网站的主题。“鑫源装饰设计有限公司”是一家专门从事室内外装饰设计的公司，该企业网站主要为自己企业进行对外宣传，因此该网站的主题应围绕公司文化、实力、作品等进行宣传。

2. 网站色调

无论是平面设计还是网页设计，色彩永远是最重要的一环。当我们距离显示屏较远时，我们看到的不是优美的版式或美丽的图片，而是网页的色彩。

下面介绍一些网页配色时的小技巧。

（1）用一种色彩。这里是指先选定一种色彩，然后调整透明度或饱和度，这样的页面看起来色彩统一，有层次感。

（2）用两种色彩。先选定一种色彩，然后选择其对比色。

（3）用一个色系。简单地说就是用一个“感觉”的色彩，例如淡蓝、淡黄、淡绿，或者土黄、土灰、土蓝。

这里提供一个配色网址供大家进行配色参考，网页设计常用色彩搭配表：http://tool.c7sky.com/webcolor/。

“鑫源装饰设计有限公司”网站选取企业 Logo 图像中的颜色#006E85 作为网站主色调。该颜色是藏蓝色色调中的一种并且跟企业的 Logo 进行了统一，体现了理智、准确、沉稳，在商业设计中很多企业网站的主色调大多选用蓝色（湖蓝、普蓝、藏蓝等）。

3. 网站风格

“鑫源装饰设计有限公司”网站整体将采用现在流行的扁平设计风格，营造一种简洁、舒适的感觉，在界面中通过模块来区别不同的功能区域。网站扁平化设计是指在网站制作中摒弃各种阴影、渐变、纹理等装饰效果，以简洁、平面的二维方式呈现信息内容，其设计风格简洁、干净、清新。

网站扁平化设计主要表现简洁、抽象、符号化的设计元素。通常使用极简抽象图形、矩形色块和简单字体，布局简洁、画面简洁、清新、现代，信息表达简单直接，设计中省略了所有的模拟元素，减弱了装饰因素对信息传递的干扰，使受众关注信息本身，增强了布局设计的沟通功能。

## 二、网站结构规划

对网站进行结构规划时，可以在草稿或者 XMind 上做好企业网站的结构设计。设计的过程中要注意企业网站的基本结构以及网页之间的层级关系。根据装饰设计企业类网站的特点，可以将网站框架进行如图 8-1 所示的规划。

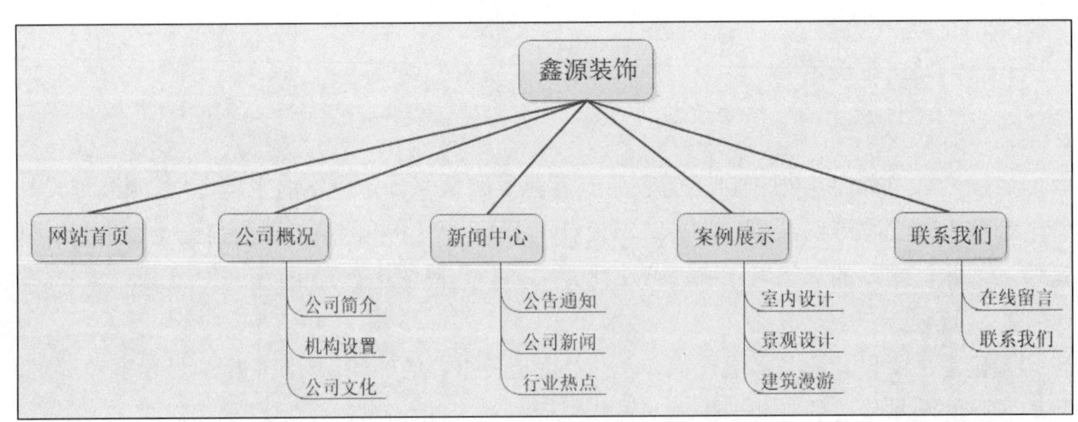


图 8-1 网站框架

在设计网站界面效果图之前，可以先规划网站的原型，原型设计可以帮助开发者快速完成网页模块的分布，网站首页原型图如图 8-2 所示。

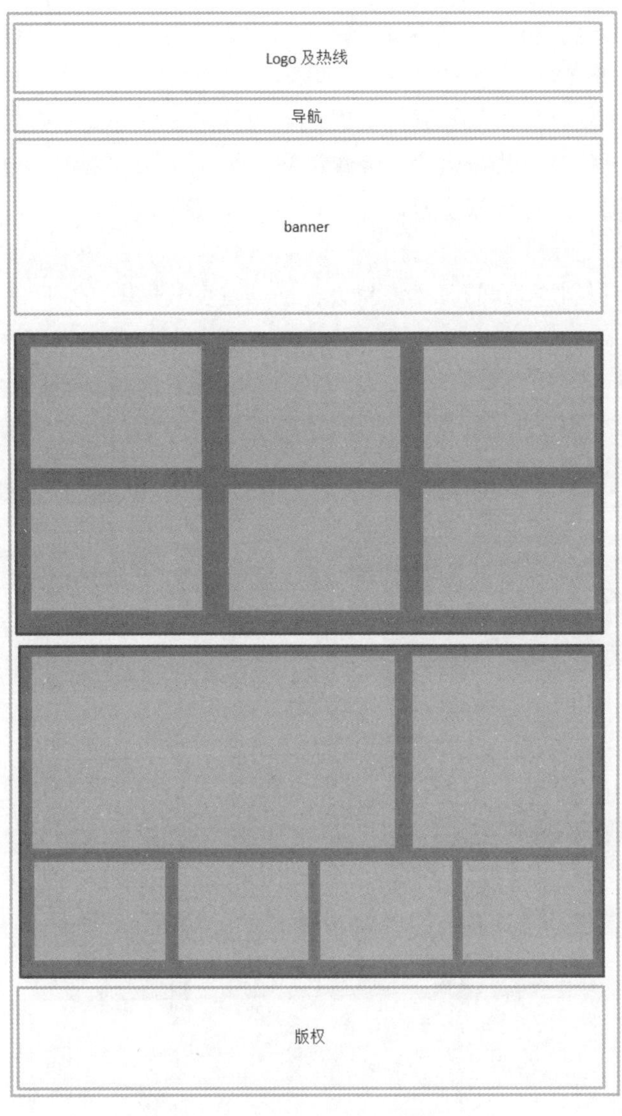


图 8-2　网站首页原型图

## 三、素材与效果图

网站结构规划完成后就进入了素材收集阶段，可以根据各结构的设计需要搜集一些素材，如文本素材、图片素材、页面效果案例素材等。

1. 文本素材

文本素材是在网站页面中展示的文字内容，收集渠道比较多，可以在同行业网站中收集整理，也可以在一些杂志报刊中收集，然后分析总结文本内容的优缺点，提取有用的文本内容。需要注意的是，提取到的文本内容需要再加工，避免侵权。

2. 图片素材

为了保证快速完成网站的设计任务，在搜集图片素材时要考虑图片的风格是否和网站风格一致，以及图片是否清晰，是否要根据网站的要求进行相应的图片处理等。

3. 页面效果案例素材

为了让设计出来的网站效果紧跟当前时尚，应该多参考近几年上线的新网站，浏览其网址，留意网站模块效果并做好记录，当需要设计自己的网站模块时，就可以参考其效果，分析效果的实现思路并进行样式设置。

4. 效果图设计

根据首页原型图及收集到的各类素材设计网站首页效果图，如图 8-3 所示。

图 8-3　首页效果图

设计的二级内页新闻中心页和案例展示页效果图如图 8-4 和图 8-5 所示。

图 8-4　新闻中心页效果图

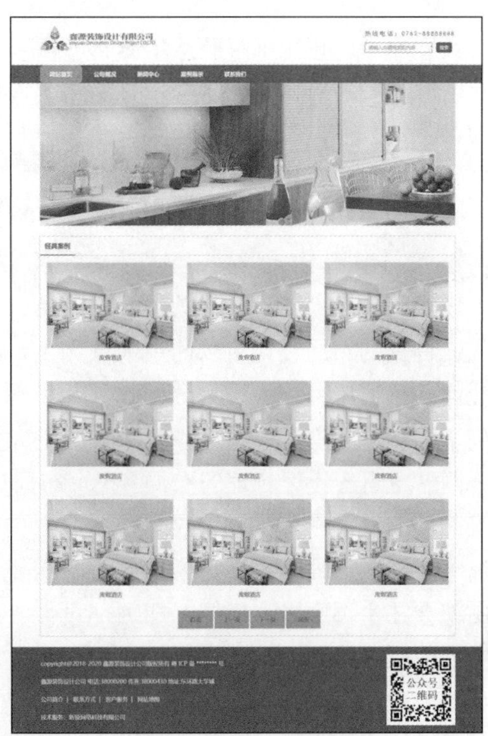


图 8-5　案例展示页效果图

设计的三级内页案例详情页效果图如图 8-6 所示。

图 8-6　案例详情页效果图

这些效果图包含了网站 3 个层级的网站页面，所有页面统一设计了头部与尾部的内容，有统一的配色及风格，如果要进行其他页面的设计与制作只需要对主体部分的内容进行修改即可。

## 任务 2　网站首页制作

一般来说，网站设计的关键在于网站首页的布局。网站首页布局主要指主页的框架和排版。首页的布局设计应以简单大气为主，将企业重要的内容展示给用户。合理的设计可以让网站根据屏幕的大小划分模式，并呈现在屏幕或半屏幕显示器中，然后根据重要性从上到下和从左到右进行布局，以此来满足大多数用户的浏览习惯。

网站主页应设计合理的布局。主页布局中的文本大小应该适当，颜色匹配也应该适当，并且网站的核心内容应该被显示。然后主页的布局需要适当留空，使网站看起来简洁，框架清晰，结构清晰，以满足客户的美学需要。首页布局应符合客户浏览习惯，大多数企业网站都会在主页中设计横幅，即顶部设计一个轮播的横幅图片。横幅中的图片可以根据企业的当前或未来的活动来设计，企业未来发展趋势可以更容易地传达给客户，同时也符合客户的视觉浏览习惯和互联网习惯。

当设计网站主页时，首先要考虑的是栏目的布局和栏目的标题。主页上有许多内容，如产品图、介绍、视频、动态效果等。在栏目布局中，我们需要合理地整合文字和图片，并且需要以客户的角度来设计网站。

合理布局的首页主要是突出重点内容，一些网站重点突出企业理念，一些网站是突出产品，一些网站是突出实力。建议企业不要把所有的内容都放在首页上，这样很容易造成客户的视觉疲劳，而且不能突出重点，客户没有心思浏览。所以当设计时，应该注意首页的内容，把想要突出显示的内容和对客户有用和有价值的内容放在前面。这样，当客户打开网站时，一眼就能看到，整体布局和列表简洁明了。

网站制作准备

1. 建立站点

在 HBuilder 中新建一个 web 项目，项目名为 xinyuanweb，并将项目保存在相应的文件夹中，将收集和处理好的图片复制到项目的 img 文件夹下，打开项目中的 index.html 文件，设置好网页的标题，如图 8-7 所示。

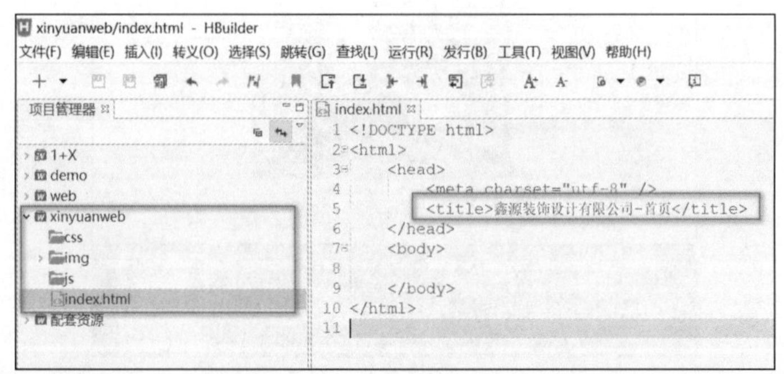


图 8-7　建立项目

2. 网站元素初始化

由于网页中块级元素默认有 margin 和 padding 值，在各个浏览器下解析不同，为确保各浏览器下看到的效果都一样，要先初始化再统一赋值。最简单的初始化方法是：* {padding: 0; margin: 0;}，但如果网站很大，CSS 样式表文件很大，这样写的话，会把所有的标签都初始化一遍，就大大地增加了网站运行的负载，会使网站加载时需要很长一段时间，所以我们只对已使用的元素进行初始化设置。

在 css 文件夹中新建一个 style.css 文件，对网站中的元素进行初始化并声明一些通用样式，具体代码如下：

```
body, div, dl, dt, dd, ul, ol, li, h1, h2, h3, h4, h5, h6, pre, form, fieldset, input, p, th, td {margin:0px; padding:0px; } /*将所有用到的元素标签都去掉原有的内边距和外边距*/
body{background:#fff;color:#333;font-size:16px; font-family:"微软雅黑","SimSun","Arial Narrow";}        /*设置整个页面的公共字体样式*/
img,a img{border:none;}          /*去掉图片的边框*/
ol, ul,li {list-style:none; }          /*去掉有序列表和无序列表的项目符号和编号*/
table,td,tr,th{font-size:12px;}      /*设置表格中的文字大小*/
a:link,a:visited{color:#333; text-decoration:none;}
a:hover,a:active{color:#08774d; text-decoration:none; }       /*为超级链接初始化与网站配色协调的颜色，去除下划线*/
div{overflow:hidden;}           /*对盒子溢出的部分进行隐藏*/
.clear{float:none;clear:both;}     /*清除浮动*/
```

3. 首页布局

根据首页效果图，运用 HTML5 的语义化结构标签进行页面的布局，并将 style.css 文件链接到首页，具体代码如下：

```
<!DOCTYPE html>
<html>
    <head>
        <meta charset="UTF-8"/>
        <title>鑫源装饰设计有限公司-首页</title>
        <link rel="stylesheet"type="text/css"href="css/style.css"/>
    </head>
    <body>
        <header>
            <section>
                <div class="logo">logo</div>
                <form action="#">热线及搜索</form>
            </section>
        </header>
        <nav>导航</nav>
        <div class="banner">横幅</div>
        <section class="case">最新案例 </section>
        <div class="about">关于我们</div>
```

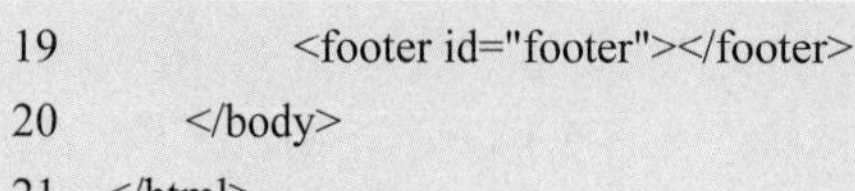

```
            <footer id="footer"></footer>
    </body>
</html>
```

Logo 模块制作步骤

4. 头部模块构建

根据首页头部盒子的效果图进行创建，如图 8-8 所示。

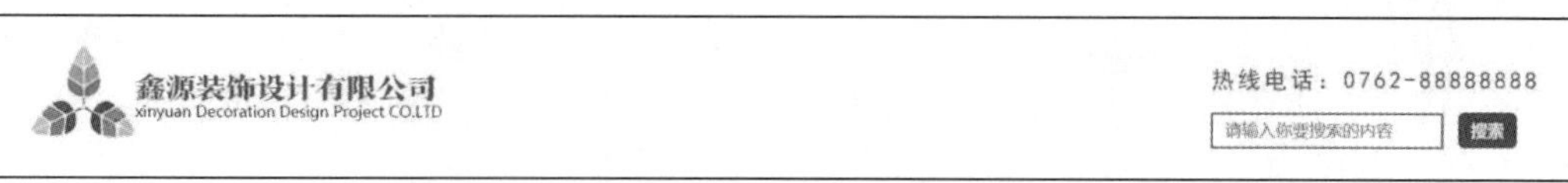


图 8-8　头部模块效果

在布局盒子的 HTML 结构基础上完善头部模块的结构代码，具体代码如下：

```
<header>
    <section>
        <div class="Logo">
            <p>鑫源装饰设计有限公司</p>
            <p>xinyuan Decoration Design Project CO.LTD</p>
        </div>
        <form>
            <p>热线电话：0762-88888888</p>
            <input type="text" placeholder="请输入你要搜索的内容"/>
            <input type="submit" value="搜索"/>
        </form>
    </section>
</header>
```

在 css 文件夹中新建一个首页的样式文件 index.css，并链接到当前首页中，index.css 中的 CSS 样式代码如下：

```
header section{
    width:1200px;
    margin:20px auto;
    overflow:hidden;
  }
.logo{
    background: url(../img/logo.png) no-repeat;
    padding-left:84px;
    float:left;
}
@font-face {
    font-family:logofont;
    src: url(../img/fzybsjt.ttf);
}
.logo p:first-child{
    font-family: logofont;
    font-size:24px;
    color:#006E85;
```

```
    line-height:24px;
    padding-top:21px;
}
.logo p:last-child{
    font-size:12px;
    line-height:12px;
    padding-bottom:21px;
}

header form {
    padding-top:15px;
    float:right;
    color:#006E85;
    font-family:黑体;
    font-size:18px;
    letter-spacing:3px;
}
header form input:first-of-type{
    border:1pxsolid#006E85;
    padding:5px 10px;
    margin:15px 0px;
}

header form input:last-of-type{
    border:none;
    border-radius:5px;
    padding:5px 10px;
    background:#006E85;
    color:yellow;
    font-weight:bold;
}
```

### 5. 导航模块构建

根据首页导航的效果图，鼠标指针经过一级导航时会出现二级导航的过渡效果，如图 8-9 所示。

导航模块实现步骤

图 8-9　导航模块过渡效果

在布局盒子的 HTML 结构基础上完善导航模块的结构代码，具体代码如下：

```
<nav>
    <ul class="menu">
        <li><a href="index.html">网站首页</a></li>
```

```
        <li><a href="#">公司概况</a>
            <ol>
                <li><a href="#">公司简介</a></li>
                <li><a href="#">公司文化</a></li>
                <li><a href="#">公司机构</a></li>
            </ol>
        </li>
        <li><a href="newslist.html">新闻中心</a>
            <ol>
                <li><a href="#">公告通知</a></li>
                <li><a href="#">公司新闻</a></li>
                <li><a href="#">行业新闻</a></li>
            </ol>
        </li>
        <li><a href="caselist.html">案例展示</a>
            <ol>
                <li><a href="#">室内设计</a></li>
                <li><a href="#">景观设计</a></li>
                <li><a href="#">建筑漫游</a></li>
            </ol>
        </li>
        <li><a href="#">联系我们</a>
            <ol>
                <li><a href="#">在线留言</a></li>
                <li><a href="#">联系我们</a></li>
            </ol>
        </li>
    </ul>
</nav>
```

在 index.css 文件中设置相应的 CSS 样式代码，具体代码如下：

```
nav{
    background:#006E85;
}
ul.menu{
    width:1200px;
    margin:auto;
}
ul.menu li{
    display:inline-block;
    line-height:50px;
    width:120px;
    text-align: center;
    position:relative;
}
ul.menu li a{
    color: white;
```

```
        font-weight:bold;
}
ul.menu li:hover{
        background:#03AACE;
        border-radius:10px;
}
ul.menu>li:first-child{
        background:#03AACE;
        border-radius:10px;
}
ul.menu li ol{
        position:absolute;
        background:#006E85;
        height:0px;
        transition:all 0.5s;
        overflow:hidden;
}
ul.menu li:hover ol{
        display:block;
        height:150px;
}
```

6. banner 模块构建

banner 轮播图制作

为了宣传达到更好的效果，一般会制作一个轮播图，这里我们运用动画属性来完成一个轮播图的制作，效果如图 8-10 所示。

图 8-10　banner 模块效果

结构代码中只需要一个 div 盒子，原来的布局代码即可，只需要建立动画并对盒子进行样式设置，具体代码如下：

```
@keyframes lunbo {
    0% {
            background-image: url(../img/banner14.jpg);
    }
    50% {
            background-image: url(../img/banner15.jpg);
```

```
    }
    100% {
        background-image: url(../img/banner16.jpg);
    }
}
.banner{
    width:1200px;
    margin:auto;
    height:396px;
    background: url(../img/banner14.jpg) no-repeat;
    animation: lunbo 6s infinite;
}
```

7. 主体模块构建

（1）最新案例模块。根据首页导航的效果图制作最新案例模块，效果如图 8-11 所示。

最新案例

最新案例
LATEST CASE

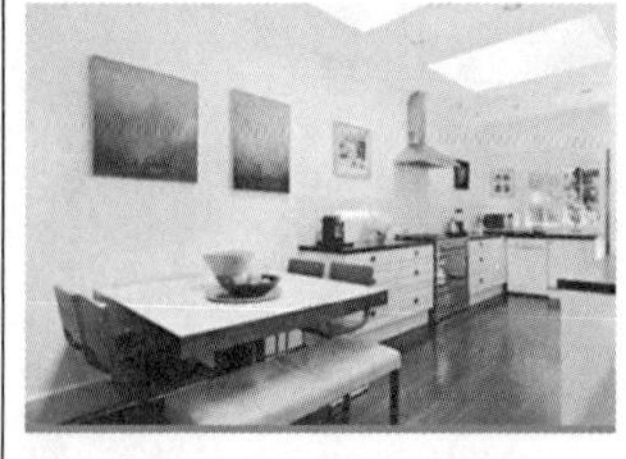

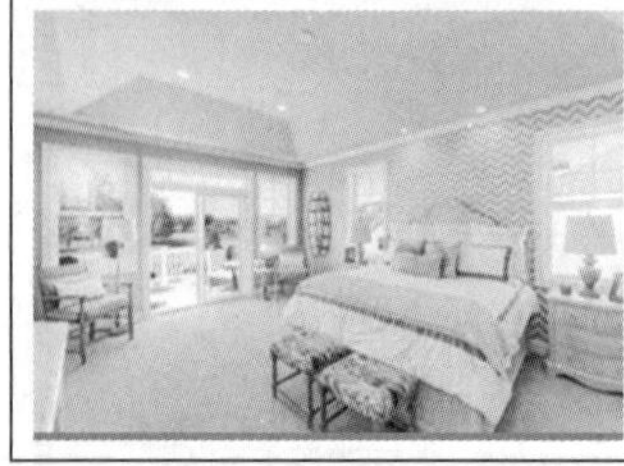

图 8-11　最新案例模块效果

在布局盒子的 HTML 结构基础上完善最新案例模块的结构代码，具体代码如下：

```
<section class="case">
  <h1>最新案例</h1>
  <h2>LATEST CASE</h2>
  <h3>我们积累了各行业丰富的案例和经验</h1>
  <p>全部 / 卫生间 / 厨房餐厅 / 客厅布置</p>
    <ul>
        <li>
            <img src="img/newscase1.png"/>
            <p>室内设计</p>
```

```
        </li>
        <li>
            <img src="img/newscase2.png"/>
            <p>室内设计</p>
        </li>
        <li>
            <img src="img/newscase3.png"/>
            <p>室内设计</p>
        </li>
        <li>
            <img src="img/newscase4.png"/>
            <p>室内设计</p>
        </li>
        <li>
            <img src="img/newscase5.png"/>
            <p>室内设计</p>
        </li>
        <li>
            <img src="img/newscase6.png"/>
            <p>室内设计</p>
        </li>
    </ul>
</section>
```

在 index.css 文件中设置相应的 CSS 样式代码，具体代码如下：

```
.case {
    width:1200px;
    margin:30px auto;
}
.case h1,.case h2{
    text-align:center;
    color:#006E85;
}
.case h3,.case>p{
    text-align:center;
    color:#006E85;
}
.case li{
    float:left;
    margin:20px 75px 20px 0px;
    position:relative;
    overflow:hidden;
}
.case li:nth-child(3n){
    margin-right:0px;
}
.case ul{
```

```
    overflow:hidden;
}
.case img{
    width:350px;
    height:240px;
}
.case li p{
    line-height:60px;
    background-color:rgba(0,0,0,0.5);
    text-align: center;
    color: white;
    font-weight:bold;
    position:absolute;
    top:240px;
    width:350px;
    transition:all0.3s;
}
.case li:hover p{
    top:180px;
}
```

（2）关于我们模块。根据首页导航的效果图制作“关于我们”模块，效果如图 8-12 所示。

图 8-12 “关于我们”模块效果

在布局盒子的 HTML 结构基础上完善“关于我们”模块的结构代码，具体代码如下：

```
<div class="about">
    <h1>
        <i class="fa fa-envira"aria-hidden="true"></i>
        关于我们
```

```
            <i class="fa fa-envira"aria-hidden="true"></i>
        </h1>
        <section class="top">
            <p>鑫源装饰设计公司
                公司注册资金 100 万元，现有员工 50 多名。
                其中设计部：首席设计师 5 名，专家设计师 3 名，主笔设计师 10 名，助理设计师 15 名。工程部：监理 5 名，技术指导 8 名，20 多名项目经理，18 支技术施工队伍；拥有售后部、材料部、行政部、策划部及完善的售后管理，专业的施工人员及安全管理人员……
                企业理念：以“以客户满意”为宗旨，信奉“您的满意才是我们最大的成功”之理念，多年来凭借专业的设计、施工和满意的服务，在已建立的客户网络中取得良好口碑，赢得了广大客户群体的支持和高度认可！
            </p>
            <p><img src="img/case6.jpg"/></p>
        </section>
        <section class="bottom">
            <img src="img/pic1.jpg"/>
            <img src="img/pic2.jpg"/>
            <img src="img/pic3.jpg"/>
            <img src="img/pic4.jpg"/>
        </section>
    </div>
```

在 index.css 文件中设置相应的 CSS 样式代码，具体代码如下：

```
.about {
    width: 1200px;
    margin: auto;
}
.about h1 {
    text-align: center;
    margin: 30px 0px;
    color: orangered;
}
.about h1.fa-envira {
    color: brown;
    text-shadow:3px 3px 5px gray;
    font-size:50px;
}
.about .top p:first-child{
    width:580px;
    float:left;
    text-indent:2em;
    line-height:3em;
}
.about .top p:last-child{
    float:right;
}
```

```
.about .top img{
    width:580px;
}
.about.top{
    overflow:hidden;
    margin-bottom:20px;
}
.about .bottom img{
    width:285px;
    float:left;
    margin-right:20px;
}
.about .bottom img:last-child{
    margin-right:0px;
}
.about .bottom{
    overflow:hidden;
}
```

8. 尾部模块构建

根据首页导航的效果图制作尾部模块，效果如图 8-13 所示。

图 8-13　尾部模块效果

在布局盒子的 HTML 结构基础上完善尾部模块的结构代码，具体代码如下：

```
<footer id="footer">
    <div class="center">
        <p>
            copyright@2018-2020 鑫源装饰设计公司版权所有 粤 ICP 备 10026687 号<br/>
            鑫源装饰设计公司 电话:3800020 传真:3800043 地址:东环路大学城<br/>
            <a href="#">公司简介</a>  |  
            <a href="#">联系方式</a>  |  
            <a href="#">客户服务</a>  |  
            <a href="#">网站地图</a><br/>
            技术服务：新锐网络科技有限公司
        </p>
        <img src="img/timg-2.jpeg"width="200"/>
        <div class="clear"></div>
    </div>
</footer>
```

在 index.css 文件中设置相应的 CSS 样式代码，具体代码如下：

```
#footer {
    background:#006E85;
    line-height:50px;
    padding:20px;
    margin-top:30px;
}
#footer .center {
    width:1200px;
    margin:auto;
    color:#fff;
}
#footer .center a{
    color: white;
}
#footer .center a:hover,#footer .center a:active{
    position:relative;
    bottom:2px;
}
#footer img{
    float:right;
}
#footer p{
    float:left;
}
```

## 任务 3　网站二级列表页面制作

### 一、网站二级页面结构组成

按照逻辑结构来分，网站首页视为网站结构中的第一级，与其有从属关系的页面则为网站结构中的第二级，一般称为二级页面。网站主页链接的页面属于一级页面，在一级页面上的链接就是二级页面，如果是网站就分两级，又称次级页面。

二级页面主要包括以下 3 个部分：

（1）分类和标题。分类和标题是对当前二级页面的内容进行标识的部分，如果本模块的内容较多可以有分类导航，如果内容较少，就可以用位置和标题来替代，如图 8-14 所示标记线框中的内容。

（2）主体列表。主体列表部分是二级页面的内容主体，是二级页面链接到三级页面的内容列表，可以是文字性的列表，也可以是图片式的列表，根据二级页面的内容来确定，如图 8-15 所示标记线框中的部分。

图 8-14　分类和标题

图 8-15　主体列表

（3）分页功能区。一个二级页面的显示区域是有限的，通常会在二级页面的主体下方添加一个分页功能区，用于页面定位，如图 8-16 所示标记线框中的部分。

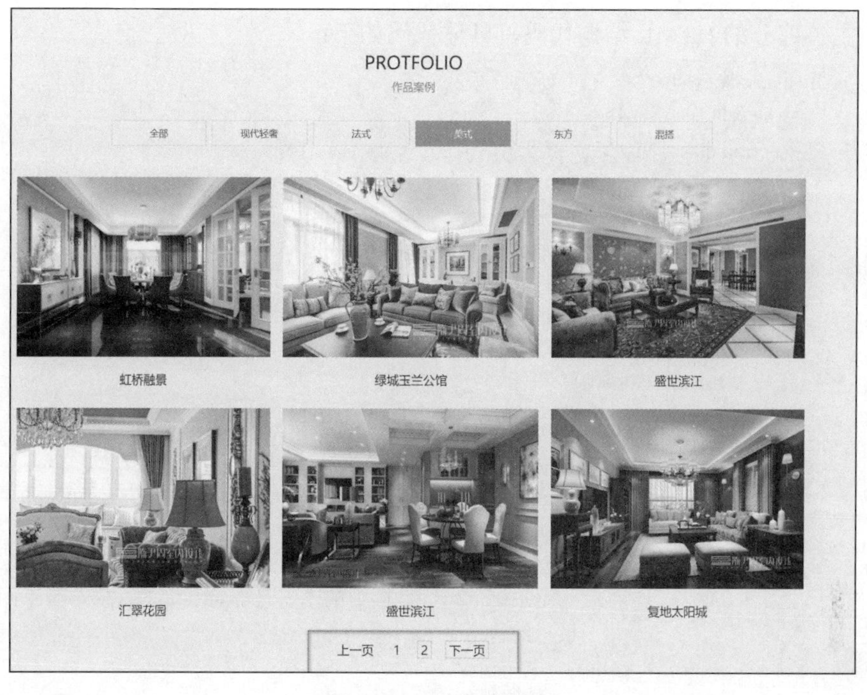


图 8-16　分页功能区

## 二、页面实现过程

新闻中心页面实现第 1 阶段

### 1. 新闻中心列表页制作

（1）在 xinyuanweb 项目中将 index.html 文件另存为 newslist.html 文件，删除首页主体部分的内容，保留其他部分的结构代码。

（2）根据新闻中心页面效果图制作新闻中心主体模块，效果如图 8-17 所示。

图 8-17　新闻中心主体模块效果

构建主体部分的 HTML 结构代码，具体代码如下：

```
<div class="newslist">
    <h1>新闻中心</h1>
    <section class="list">
        <ul class="type">
            <li>新闻中心</li>
            <li><a href="#">行业新闻</a></li>
            <li><a href="#">公司资讯</a></li>
        </ul>
        <ul class="list_info">
            <li>
                <div><img src="img/case4.jpg"/></div>
                <div>
                    <h3><a href="#">2020 年装修最新报价是多少？</a><span>
                        2018-10-26</span></h3>
                    <p>由于国家目前正在提倡天然保护工程，现阶段对于伐木是有
                    一定限制的，因此国内的木材是非常紧缺的，供小于求则会导致
                    板材的价格上涨……</p>
                </div>
                <div class="clear"></div>
            </li>
            <li>
                <div><img src="img/case4.jpg"/></div>
                <div>
                    <h3><a href="#">2020 年装修最新报价是多少？</a><span>
                        2018-10-26</span></h3>
                    <p>由于国家目前正在提倡天然保护工程，现阶段对于伐木是有
                    一定限制的，因此国内的木材是非常紧缺的，供小于求则会导致
                    板材的价格上涨……</p>
                </div>
                <div class="clear"></div>
            </li>
            <li>
                <div><img src="img/case4.jpg"/></div>
                <div>
                    <h3><a href="#">2020 年装修最新报价是多少？</a><span>
                        2018-10-26</span></h3>
                    <p>由于国家目前正在提倡天然保护工程，现阶段对于伐木是有
                    一定限制的，因此国内的木材是非常紧缺的，供小于求则会导致
                    板材的价格上涨……</p>
                </div>
                <div class="clear"></div>
            </li>
            <li>
                <div><img src="img/case4.jpg"/></div>
                <div>
```

```
                    <h3><a href="#">2020 年装修最新报价是多少？</a><span>
                        2018-10-26</span></h3>
                    <p>由于国家目前正在提倡天然保护工程，现阶段对于伐木是有
                    一定限制的，因此国内的木材是非常紧缺的，供小于求则会导致
                    板材的价格上涨……</p>
                </div>
                <div class="clear"></div>
            </li>
        </ul>
        <div class="clear"></div>
    </section>
    <p>
        <a href="#">首页</a>
        <a href="#">上一页</a>
        <a href="#">下一页</a>
        <a href="#">尾页</a>
    </p>
</div>
```

（3）在 css 文件夹中新建 newslist.css 文件，并在其中设置新闻中心页面中相应的 CSS 样式代码，具体代码如下：

新闻中心页面实现第 2 阶段

```
.newslist {
    width:1200px;
    margin:auto;
}
.newslist h1{
    text-align: center;
    margin:30px 0px;
}
.type {
    width:200px;
    float:left;
    background:#eee;
    text-align: center;
}
.type li:first-child {
    line-height:100px;
    background:#006E85;
    color: white;
    font-size:20px;
    font-weight:bold;
}
.type li:nth-child(2),.type li:nth-child(3){
    line-height:50px;
    border-bottom:3px white solid;
}
```

```
.list_info {
    width:970px;
    float:left;
    margin-left:10px;
}
.list_info li{
    border-bottom:1px dashed #ccc;
    padding:30px 10px 30px 10px;
    transition:box-shadow 0.5s;
}
.list_info li:hover {
    box-shadow:3px 3px 10px gray;
}
.list_info li div:first-child {
    float:left;
    width:200px;
}
.list_info li div:last-child {
    float:right;
    width:750px
}
.list_info h3{
    line-height:36px;
    position:relative;
}
.list_info h3 span{
    font-weight:normal;
    font-size:16px;
    position:absolute;
    right:0px;
}
.list_info p{
    line-height:2em;
    text-indent:2em;
}
.newslist>p{
    text-align: center;
    margin:30px 0px;
}
.newslist>p a{
    display:inline-block;
    width:100px;
    line-height:50px;
    background:#03AACE;
}
```

2. 案例展示列表页制作

图片列表页实现过程

（1）在 xinyuanweb 项目中将 index.html 文件另存为 caselist.html 文件，删除首页主体部分的内容，保留其他部分的结构代码。

（2）根据案例展示页面效果图制作案例展示主体模块，效果如图 8-18 所示。

经典案例

度假酒店 度假酒店 度假酒店

度假酒店 度假酒店 度假酒店

度假酒店 度假酒店 度假酒店

首页 上一页 下一页 尾页

图 8-18　案例展示主体模块效果

构建主体部分的 HTML 结构代码，具体代码如下：

```
<div class="caselist">
    <h3><span>经典案例</span></h3>
    <ul>
        <li>
            <p><a href="caseinfo.html"><img src="img/newscase4.png"/></a></p>
            <p><a href="#">度假酒店</a></p>
        </li>
        <li>
```

```
            <p><a href="caseinfo.html"><img src="img/newscase4.png"/></a></p>
            <p><a href="#">度假酒店</a></p>
        </li>
        <li>
            <p><a href="caseinfo.html"><img src="img/newscase4.png"/></a></p>
            <p><a href="#">度假酒店</a></p>
        </li>
        <li>
            <p><a href="caseinfo.html#"><img src="img/newscase4.png"/></a></p>
            <p><a href="#">度假酒店</a></p>
        </li>
        <li>
            <p><a href="caseinfo.html"><img src="img/newscase4.png"/></a></p>
            <p><a href="#">度假酒店</a></p>
        </li>
        <li>
            <p><a href="caseinfo.html"><img src="img/newscase4.png"/></a></p>
            <p><a href="#">度假酒店</a></p>
        </li>
        <li>
            <p><a href="caseinfo.html"><img src="img/newscase4.png"/></a></p>
            <p><a href="#">度假酒店</a></p>
        </li>
        <li>
            <p><a href="caseinfo.html"><img src="img/newscase4.png"/></a></p>
            <p><a href="#">度假酒店</a></p>
        </li>
        <li>
            <p><a href="caseinfo.html"><img src="img/newscase4.png"/></a></p>
            <p><a href="#">度假酒店</a></p>
        </li>
    </ul>
    <p id="page">
        <a href="#">首页</a>
        <a href="#">上一页</a>
        <a href="#">下一页</a>
        <a href="#">尾页</a>
    </p>
</div>
```

（3）在 css 文件夹中新建 caselist.css 文件，并在其中设置案例展示页面中相应的 CSS 样式代码，具体代码如下：

图片加动效

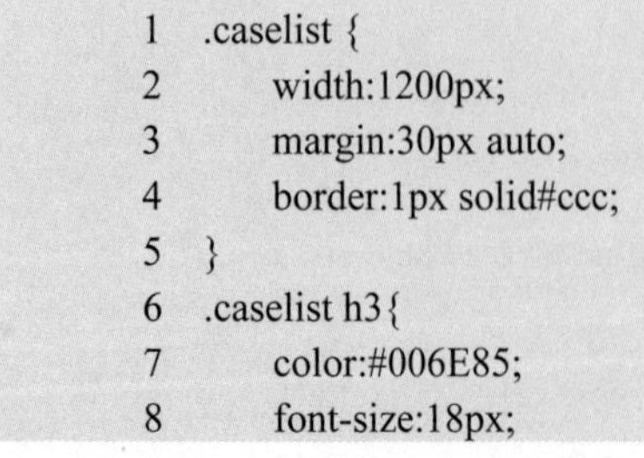

```
.caselist {
    width:1200px;
    margin:30px auto;
    border:1px solid#ccc;
}
.caselist h3{
    color:#006E85;
    font-size:18px;
```

```
    line-height:50px;
    border-bottom:1px solid #ccc;
}
.caselist h3 span{
    border-bottom:#006E85 solid 2px;
    display:inline-block;
    width:100px;
    line-height:50px;
    text-align: center;
}
.caselist img{
    width:360px;
    transition:all0.5s;
}
.caselist img:hover {
    transform: scale(1.2);
}
.caselist ulli{
    float:left;
    margin:20px;
}
.caselist ulli:hover {
    box-shadow:0px 0px 10px gray;
    transition:all 0.5s;
}
.caselist ul{
    overflow:hidden;
}
.caselist p{
    text-align:center;
    line-height:50px;
}
.caselist li p:first-child {
    width:360px;
    overflow:hidden;
    height:240px;
}
.caselist>p a{
    display:inline-block;
    width:100px;
    line-height:50px;
    background:#03AACE;
    margin-bottom:20px;
}
```

## 任务 4　网站三级内容页面制作

网站的三级内容页是具体的信息网页，是网站的根本，也是用户真正需要的页面，用户从网站首页访问相应的列表页再到具体的内容页就是为了能看到最终的信息内容。网站一般不要超过三级，这是对用户友好性的考虑，大部分网站的内容页主体部分效果如图 8-19 所示。

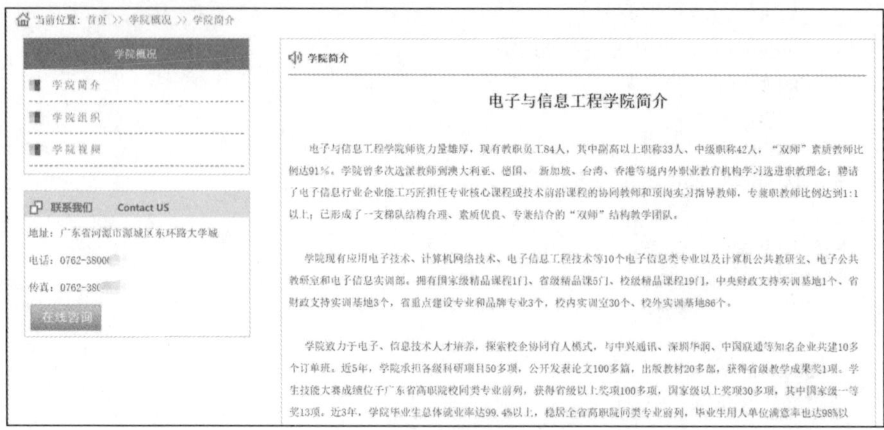


图 8-19　内容页主体部分效果

内容页主要包括的内容及模块有标题、发表时间、正文内容、上下篇列表等，是用户最终想要获得的信息内容，其中上下篇模块是为用户友好性考虑而设置的功能区域。

（1）在 xinyuanweb 项目中将 index.html 文件另存为 caseinfo.html 文件，删除首页主体部分的内容，保留其他部分的结构代码。

（2）根据案例详情页面效果图制作案例详情页主体模块，效果如图 8-20 所示。

案例详情

案内设计-现代简约-详情介绍

本案例是一个 $65m^2$ 的小户型，经过几次的讨论，客户接受了空间置换的设计理念，就这样开始了筑梦之路。客厅没有进行过多的装饰，让自然光肆意挥洒，皮质的沙发、精致的布艺，呈现出一幅恬静的画面。客厅厨房相互融合，木质的本色与石材激情碰撞，别具格调。岛台的设计，完美地契合家庭活动。卧室冷色与暖色相结合，再搭配上精致的壁灯和摆件，令空间更干净、高级。也许这就是家的定义，就是设计存在的意义。

秦姐姐偏爱木材的质感，在几套房子的装修中从来没有变过，于是大地色系的美式风格成了这套房子的首选。北美民风淳朴、热情奔放，建筑一般都质朴简洁，没有欧式的烦琐及矫揉造作。在这套房子的设计中，亲近自然远比超越自然更重要。

秦姐姐偏爱木材的质感，在几套房子的装修中从来没有变过，于是大地色系的美式风格成了这套房子的首选。北美民风淳朴、热情奔放，建筑一般都质朴简洁，没有欧式的烦琐及矫揉造作。在这套房子的设计中，亲近自然远比超越自然更重要。

上一篇:空间置换的设计理念

下一篇:空间置换的设计理念空间置换的设计理念

图 8-20　案例详情页效果

根据效果图构建主体部分的HTML结构代码，具体代码如下：

```
<div class="caseinfo">
    <h3><span>案例详情</span></h3>
    <section>
        <h4>室内设计-现代简约-详情介绍</h4>
        <p>
            本案例是一个65m^2的小户型，经过几次的讨论，客户接受了空间置换的设计理念，就这样开始了筑梦之路。客厅没有进行过多的装饰，让自然光肆意挥洒，皮质的沙发、精致的布艺，呈现出一幅恬静的画面。客厅厨房相互融合，木质的本色与石材激情碰撞，别具格调。岛台的设计，完美地契合家庭活动。卧室冷色与暖色相结合，再搭配上精致的壁灯和摆件，令空间更干净、高级。也许这就是家的定义，就是设计存在的意义。
        </p>
        <p>
            秦姐姐偏爱木材的质感，在几套房子的装修中从来没有变过，于是大地色系的美式风格成了这套房子的首选。北美民风淳朴、热情奔放，建筑一般都质朴简洁，没有欧式的烦琐及矫揉造作。在这套房子的设计中，亲近自然远比超越自然更重要。
        </p>
        <p class="photo">
            <img src="img/xgt1.png"/>
        </p>
        <p>秦姐姐偏爱木材的质感，在几套房子的装修中从来没有变过，于是大地色系的美式风格成了这套房子的首选。北美民风淳朴、热情奔放，建筑一般都质朴简洁，没有欧式的烦琐及矫揉造作。在这套房子的设计中，亲近自然远比超越自然更重要。</p>
    </section>
    <section class="position">
        <p><a href="#">上一篇:空间置换的设计理念</a></p>
        <p><a href="#">下一篇:空间置换的设计理念空间置换的设计理念</a></p>
    </section>
</div>
```

（3）在css文件夹中新建caselist.css文件，并在其中设置案例展示页面中相应的CSS样式代码，具体代码如下：

```
.caseinfo {
    width:1200px;
    margin:30px auto;
    border:1px solid #ccc;
    line-height:2em;
}
.caseinfo h3{
    color:#333333;
    font-size:18px;
    line-height:50px;
    border-bottom:1px solid #ccc;
}
```

```
.caseinfo h3 span{
    border-bottom:#006E85 solid 2px;
    display:inline-block;
    width:100px;
    line-height:50px;
    text-align: center;
}
.caseinfo h4{
    text-align: center;
    margin:20px;
}
.caseinfo p{
    text-indent:2em;
    margin:0px 20px;
}
.caseinfo p.photo {
    text-indent:0px;
    text-align: center;
}
.caseinfo .position {
    float:right;
}
```

## 思考与练习

为某市“计算机协会”设计制作一个网站，在网上搜索相关素材并进行网站结构规划，网站系统应包括首页、二级网页、三级网页。

# 参考文献

[1] 工业和信息化部教育与考试中心．Web 前端开发初级（上册）[M]．北京：电子工业出版社，2019.

[2] 工业和信息化部教育与考试中心．Web 前端开发初级（下册）[M]．北京：电子工业出版社，2019.

[3] 传智播客高教产品研发部．HTML5+CSS3 网站设计基础教程[M]．北京：电子工业出版社，2016.

[4] 黄华升．网站前端技术案例教程（HTML+CSS+JavaScript）[M]．北京：中国水利水电出版社，2017.